助力乡村振兴
出版计划

【现代养殖业实用技术系列】

家蚕
优质高效养殖技术

主　　编　秦　凤
副 主 编　张　彦
编写人员　黄德辉　石　凉　童晓琪　徐　浩
　　　　　孙健诚

APTIME
时代出版

时代出版传媒股份有限公司
安徽科学技术出版社

图书在版编目（CIP）数据

家蚕优质高效养殖技术 / 秦凤主编. --合肥:安徽科学技术出版社,2021.12

助力乡村振兴出版计划.现代养殖业实用技术系列

ISBN 978-7-5337-8552-9

Ⅰ.①家… Ⅱ.①秦… Ⅲ.①养蚕学 Ⅳ.①S881

中国版本图书馆 CIP 数据核字(2021)第 268008 号

家蚕优质高效养殖技术　　　　　　　　　　　　　　主编　秦　凤

出 版 人：丁凌云　　选题策划：丁凌云　蒋贤骏　陶善勇　责任编辑：李志成

责任校对：岑红宇　责任印制：梁东兵　　　　　　　　装帧设计：冯　劲

出版发行：时代出版传媒股份有限公司　http://www.press-mart.com

　　　　　安徽科学技术出版社　　　　　http://www.ahstp.net

　　　　　(合肥市政务文化新区翡翠路 1118 号出版传媒广场,邮编:230071)

　　　　　电话:(0551)63533330

印　　制：合肥华云印务有限责任公司　　　电话:(0551)63418899

(如发现印装质量问题,影响阅读,请与印刷厂商联系调换)

开本：720×1010　1/16　　　印张：8.5　　　　字数：123 千

版次：2021 年 12 月第 1 版　　　2021 年 12 月第 1 次印刷

ISBN 978-7-5337-8552-9　　　　　　　　　　定价：30.00 元

版权所有,侵权必究

"助力乡村振兴出版计划"编委会

主　任

查结联

副主任

罗　平　卢仕仁　江　洪　夏　涛
徐义流　马占文　吴文胜　董　磊

委　员

马传喜　李泽福　李　红　操海群
莫国富　郭志学　李升和　郑　可
张克文　朱寒冬

【现代养殖业实用技术系列】

（本系列主要由安徽省农业科学院组织编写）

总主编：徐义流
副总主编：李泽福　杨前进

出版说明

"助力乡村振兴出版计划"(以下简称"本计划")以习近平新时代中国特色社会主义思想为指导,是在全国脱贫攻坚目标任务完成并向全面推进乡村振兴转进的重要历史时刻,由中共安徽省委宣传部主持实施的一项重点出版项目。

本计划以服务区域乡村振兴事业为出版定位,围绕乡村产业振兴、人才振兴、文化振兴、生态振兴和组织振兴展开,由《现代种植业实用技术》《现代养殖业实用技术》《新型农民职业技能提升》《现代农业科技与管理》《现代乡村社会治理》五个子系列组成,主要内容涵盖特色养殖业和疾病防控技术、特色种植业及病虫害绿色防控技术、集体经济发展、休闲农业和乡村旅游融合发展、新型农业经营主体培育、农村环境生态化治理、农村基层党建等。选题组织力求满足乡村振兴实务需求,编写内容努力做到通俗易懂。

本计划的呈现形式是以图书为主的融媒体出版物。图书的主要读者对象是新型农民、县乡村基层干部、"三农"工作者。为扩大传播面、提高传播效率,与图书出版同步,配套制作了部分精品音视频,在每册图书封底放置二维码,供扫码使用,以适应广大农民朋友的移动阅读需求。

本计划的编写和出版,代表了当前农业科研成果转化和普及的新进展,凝聚了乡村社会治理研究者和实务者的集体智慧,在此谨向有关单位和个人致以衷心的感谢!

虽然我们始终秉持高水平策划、高质量编写的精品出版理念,但因水平所限仍会有诸多不足和错漏之处,敬请广大读者提出宝贵意见和建议,以便修订再版时改正。

本册编写说明

养蚕业是我国具有悠久历史和广泛社会基础的传统产业,在国际市场上具有垄断优势。目前,我国的蚕茧产量占世界总产量的70%,生丝贸易量占国际生丝贸易总量的80%,丝绸业年创外汇60多亿美元,是具有重要农业地位的特色产业之一,兼具经济、社会、生态效益,是一项符合资源节约和环境保护基本国策的富民产业。

栽桑养蚕、缫丝织绸目前已经成为我国部分经济欠发达的贫困山区发展经济的特色支柱产业,是山区农民增收的重要来源。"户有两亩桑,生活奔小康",投资少、周期短、见效快的桑蚕产业在新农村建设、乡村振兴和对外经济贸易等方面具有重要地位,是发展山区特色经济和实施扶贫攻坚、产业扶贫,投资少、见效快的优先特色产业,为带动贫困山区蚕农就业、增加收入和脱贫攻坚提供了强有力的技术支撑。

本书针对目前养蚕的发展新形势,从农村养蚕实际出发,本着优质、高产、高效、节能、低耗与可持续发展蚕桑生产的原则,针对家蚕对生长条件要求比较苛刻以及自身抵御外界环境变化能力较弱等情况,根据养蚕过程中不同阶段的特点,系统地总结了家蚕优质高效养殖技术,包括家蚕小蚕共育技术、家蚕小蚕人工饲料育技术、养蚕消毒防病技术,以及家蚕的省力化高效养殖技术等,并介绍了家蚕常见病害的诊断与防治技术。本书的出版将有助于提高蚕桑生产现代化技术水平,解决目前蚕桑生产面临的关键技术问题,从而提高蚕茧质量和产量,促进蚕区农民增收和脱贫致富。这对于巩固"东桑西移"工程成果、促进蚕桑产业发展具有一定的实践意义,可产生显著的经济、社会和生态效益。

目 录

第一章　家蚕的一生

　　家蚕是一种以桑叶为食物的鳞翅目吐丝昆虫。据统计,目前已知的能够吐丝的昆虫幼虫的种类出人意料地多,至少有10万种之多,分别属于鳞翅目、膜翅目、双翅目、鞘翅目、纺足目、同翅目、脉翅目、毛翅目等科目。

　　鳞翅目昆虫几乎都会吐丝,而且已被人类利用的具有经济价值的吐丝昆虫全部属于鳞翅目,大部分属于蚕蛾科和大蚕蛾科,包括蚕蛾科中的家蚕、桑蟥,大蚕蛾科中的柞蚕、蓖麻蚕、天蚕、樟蚕和琥珀蚕等。其中,以家蚕的经济价值最高、饲育量最大、利用率最高,其已经被人类驯养利用超过5 000年。

　　家蚕是一种以桑叶为食料的泌丝昆虫,又称桑蚕。家蚕是中国古代劳动人民将栖息于桑林中的野桑蚕驯化并经长期饲养选择改良而来的。近年来,随着对家蚕的分子遗传和系统进化研究的深入,我们已经可以确认野外桑树上生存的野桑蚕就是家蚕的祖先种。

▶ 第一节　家蚕的生活史

　　家蚕是完全变态昆虫,其一生中要经过卵、幼虫(蚕)、蛹、成虫(蛾)4个形态及功能完全不同的发育阶段,各个发育阶段的经过时间会因家蚕品种、营养条件和环境条件的不同而有所不同。通常在适宜家蚕生长的

温度下,从解除滞育的蚕卵发育开始直至成虫交配产卵完成,家蚕依次经过卵→幼虫→蛹→成虫→卵各个时期,所需的时间大概为60天(表1-1)。

表1-1　家蚕的发育阶段及特征

发育阶段	形态	经过时间
蚕卵期		约10个月
催青期		约10天
幼虫期		共约26天(1龄4天,2龄3.5天,3龄4.5天,4龄6天,5龄8天)
茧期		约6天(一开始的2~3天吐丝)
蛹期		约10天
蛾期		羽化产卵,5~7天

家蚕以卵繁殖,卵有滞育卵(越年卵,俗称"黑种")和非滞育卵(不越年卵,俗称"生种")之分。雌雄蚕蛾交配后,雌蛾产下的受精卵在刚开始的时候多呈淡黄色,经过7天左右,当胚胎发育到一定程度时,蚕卵变成赤豆色后,再转变成固有色,即胚胎发育到一定程度后,便进入一个发育暂时停滞的滞育期,这种蚕卵均称为滞育卵。在滞育期间,胚胎形态变化很少,即使温度适宜也不向前发育,不能孵化,必须经过一定的低温条件接触或人工浸酸处理,解除滞育后才会继续发育和孵化。如春蚕是在5月初孵化,也就意味着6月上旬产的卵要经过低温的冬季到第二年春季才孵化,滞育期为10个月左右。但非滞育卵则有所不同,在蚕蛾产下卵后直至孵化前都不变成赤豆色,在适宜的温湿度条件下胚胎不停地向前发育,约经10天便孵化出蚁蚕。

刚孵化出的幼虫,虫体呈黑褐色或赤褐色,形似蚂蚁,故又名蚁蚕。蚁蚕通过摄食桑叶迅速生长,体色逐渐变淡(呈青白色)。幼虫生长到一定程度时,需在旧表皮内侧形成适合生长的、更为宽大的新皮,供蚕蜕去旧皮继续生长。在蚕蜕皮的前一段时间,蚕在蚕座上有少量吐丝,然后用腹足和尾足抓于丝上以固定自己的身体,之后不动不食,开始入眠。蚕眠是为了蜕皮做准备,而蜕皮结束则表示蚕眠的结束。刚蜕皮完成的蚕称为起蚕。蚕眠又是划分蚕的龄期的界限,孵化的蚁蚕至第1眠称1龄蚕,第1眠结束后开始饲食至第2眠称2龄蚕,第2眠结束后开始饲食至第3眠称3龄蚕,第3眠结束后开始饲食至第4眠称4龄蚕,第4眠结束后开始饲食至老熟前称5龄蚕。通常1~3龄称稚蚕期(小蚕期),4~5龄称壮蚕期(大蚕期)。幼虫发育到最后一龄末期,逐渐减少食桑,直至停止食桑,蚕往来徘徊,排出体内粪尿,寻找合适的结茧位置,蚕体逐渐缩小呈半透明状,此时称熟蚕。熟蚕吐丝结茧,并在茧中化蛹。

熟蚕从吐丝至结茧完毕,需2~3天,此时体躯显著缩短,略呈纺锤形,

称预蛹(潜蛹)。经 2~3 天蛹皮形成,幼虫蜕去最后的表皮而化蛹。蛹期是幼虫向成虫过渡的变态阶段,外观上没有大小和形态变化,但体内却在剧烈蜕变,幼虫器官的解离、改造及成虫器官的发生和蚕卵的成熟均在此期间完成。当蛹完成发育后,即蜕去蛹皮羽化为成虫(蚕蛾)。通常温度下,蛹期经过时间为 10~15 天。羽化后的成虫从茧内钻出,体内生殖器官已发育成熟,交配产卵,经 7 天左右自然死亡,一个世代至此结束。

家蚕在一个世代中所经历的 4 个发育阶段,各具有不同的意义。卵是胚胎发生发育形成幼虫的阶段;幼虫是摄取、积贮营养的生长阶段;蛹是幼虫向成虫发育变态的过渡阶段;成虫是交配、产卵繁衍后代的生殖阶段。

第二节　家蚕不同发育阶段的形态特征

一　蚕卵

1.蚕卵的外部形态

蚕卵一般为扁平椭圆形,稍尖一端为前极,尖端处有卵孔,是精子进入卵内的入口,另一端稍钝为后极。卵的最外层是卵壳,表面有无数微细气孔。内层有一层无构造、厚薄均一、无色透明的卵黄膜。再往里一层为浆膜。浆膜内有卵黄和胚胎。初产下的蚕卵,卵面略为隆起,随着胚胎发生和发育、卵内营养物质逐渐消耗以及水分的不断蒸发,卵面的中央出现陷入的卵涡。

卵的长径为 1.1~1.5 毫米、宽径为 0.9~1.2 毫米、厚度为 0.5~0.6 毫米。1 克卵有 1 800~2 100 粒。蚕卵的大小和重量,因蚕品种、饲育条件、产卵

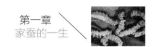

时期不同而有差异。

2. 蚕卵色

蚕卵刚产下时为淡黄色，主要是卵黄透过卵壳所呈现的颜色，不同品种间因卵黄和卵壳颜色差异而有深浅之别。滞育卵(越年卵)在产下后数天内浆膜内产生黑色素并逐渐沉积，卵色由黄色转为淡褐色直至变成浓褐色，形成各品种的固有色。一般中国种的卵壳色为黄色、卵色多为灰绿色，日本种的卵壳色为乳白色、卵色为灰紫色，西亚、欧洲种的卵色为灰褐带绿色，南方热带种的卵色为淡褐色。还有些为白卵品系的卵，因浆膜细胞内缺乏色素生成过程中的某些酶，不能生成浆膜色素，因而卵色不变，呈乳白色或浅黄色。非滞育的多化性品种的卵色同样不会变化，但存在极个别着色不滞育卵的多化性蚕品种。

二 幼虫(蚕)

幼虫又称为蚕，其蚕体呈长圆筒形，由头、胸、腹三部分组成。头部较小，位于体的最前方，头部有口器、触角、单眼等器官。胸部紧接头部，有3个环节和3对胸足。胸部后面接连腹部，腹部有10个环节，在第6、7、8、9及第13环节各有1对腹足，在第11环节背面中央有个突起称尾角。

雌蚕的第11和第12环节腹面，左右两点乳白色的点状体，为前生殖芽和后生殖芽，总称石渡腺；雄蚕和雌蚕不同，在第12环节腹面的前缘中央，有一个附着在体壁内面的乳白色瓢形囊状体，称赫氏腺。

1. 头部及口器

(1)头部。蚕的头部外面包着一层骨质的壳片，半球形，黑褐色，颜色随蚕龄的增长而变淡，表面密生对称的刚毛。头部着生有触角、单眼和口器等。从头部背面看，有个"人"字形的沟缝，把头壳划为3块，左右2块呈半球形的为颅侧板，中央三角形的1块为额；额的底边下方一块狭长

而表面有皱纹的部分为唇基。在颅侧板的基端,左右着生1对触角。触角是蚕的重要感觉器官。在颅侧板侧面的下方,各有6个隆起呈半球形的单眼。单眼是蚕的感光器官,能感觉光线的方向和强弱,并略有感知色彩的功能。

(2)口器。在头部唇基的下方是咀嚼式口器,由上唇、上颚、下唇和下颚4个部分组成。上唇是悬于唇基前缘的淡褐色薄片,前端中央凹入,食桑时可以调整桑叶角度,便于上颚啮切桑叶。下唇在左右下颚之间,中央突出1个白色圆锥形的吐丝管,其先端的开口处为吐丝孔。吐丝管基部两侧各有1对下唇须,均由3小节组成,其中第2、第3小节各生1根刚毛,有探索吐丝位置的感觉作用。

2. 体部

体部包括胸部和腹部。胸部第1环节前端以柔软的颈膜与头部相连,便于头部的伸缩转动。胸足的主要作用在于食桑和结茧,爬行时只起辅助作用。蚕的爬行主要靠腹足和尾足。

幼虫腹部腹面有雌雄生殖芽。这些生殖芽是成虫生殖器的原基,到大蚕期,特别是5龄期第2~3天最为清晰。

三 蚕蛹

蛹体近似纺锤形,分头、胸、腹三部分。头部在顶端,很小,有额、上唇、上颚、1对触角和1对复眼。触角和复眼颜色随着蛹的发育而变化,从外观上只能看到上唇、上颚和下颚三部分。

胸部由前胸、中胸和后胸3个体节组成,其腹面各生足1对,称前足、中足、后足,前胸两侧各有气门1个,中胸和后胸的两侧各有翅1对。腹部由于幼虫期第9和第10腹节愈合,外观上只呈现9个环节。

蛹期雌、雄外部特征比幼虫期明显,可用来鉴别蛹的性别。雌蛹体

较肥大,末端较圆,在腹部第8环节(翅下第5环节)腹面的中央,从前缘到后缘有"X"状纵线;雄蛹体型较瘦,末端较尖小,在腹部第9环节(翅下第6环节)腹面中央有一凹陷褐色小点。

四 蚕蛾

1.外形

蛾体分头、胸、腹三部分,除节间膜以外,全身被覆白色鳞片。头部虽小,但由于有大型的触角和复眼,容易区别。胸部有3对发达的胸足,中胸和后胸各有1对翅。雌蛾腹部有7个环节,雄蛾腹部有8个环节,末端有外生殖器。

2.头部及附肢

蛾的头部两侧有触角和复眼。触角是蚕蛾的重要感觉器官,特别是嗅觉,雄蛾通过触角能感受雌蛾分泌的性激素。

口器在左右复眼之间,与幼虫期相同,由上唇、上颚、下颚和下唇组成,但蛾期不再取食,口器显著退化,只有下颚发育成1对白色的囊状体,化蛾后逐渐萎缩。下颚有分泌作用,分泌液中含有一种蛋白酶——溶茧酶,以溶解茧丝的丝胶而松解茧层,蛾借助胸足抓扒成羽化孔,蛾体从茧中钻出。

3.胸部及附肢

蛾的胸部分前胸、中胸和后胸三节,各胸节均由4块坚硬的骨板组成。有些品种由于局部鳞片的着色,在外观上显现浅褐色的翅纹。

4.腹部及外生殖器

蛾的腹部环节由背板、侧板和腹板构成,其中侧板柔软,呈膜状。蛾的腹部末端有外生殖器。雄蛾的外生殖器由幼虫的第9和第10腹节变成。基腹弧两侧各有一个大型的抱器,也是由第9腹节衍生的,交配时用

以钩住雌蛾。

　　雌蛾的外生殖器是由幼虫的第8、第9和第10腹节变形而成。其中，第9和第10腹节愈合形成半球状的侧唇，侧唇上密生刚毛，有探索产卵场所的作用。雌蛾侧唇和锯齿板之间的节间膜能向侧方突出呈囊状，称诱惑腺，能分泌一种引诱雄蛾的物质。该腺体依靠内部体液的压力和肌肉活动，可以膨胀外突和收缩。羽化以后，雌蛾诱惑腺分泌性外激素（家蚕醇和家蚕醛），借以引诱雄蛾。

第二章 家蚕与环境

　　古代的野蚕由于生长在自然环境条件下,对外界多变的环境因素具有较好的适应能力和抵抗能力。家蚕是被驯化过的野蚕,为了获取更多的经济价值,人们将其移入室内进行饲养。被驯化过的家蚕对环境的适应能力和抵抗能力已大大减弱,只有在适宜的环境条件下,才能良好地进行生长发育。否则,在不适宜的环境条件下,蚕的生长发育会受到严重的影响,甚至暴发蚕病,危及生命。

▶ 第一节　小气候环境

一　环境条件对家蚕的作用与影响

　　家蚕是由古代人将生活在野外的野桑蚕长期培育、驯化后,移入室内进行饲养的蚕品种,经过驯化后的家蚕对不良环境的适应力已经大大降低,已逐渐依赖于室内小气候环境和人工饲养。

　　影响家蚕生长发育的环境条件主要有温度、湿度、空气与气流、光线等。

1.温度

　　(1)温度对家蚕生长发育的作用与影响。家蚕属于变温动物,其体温会随着环境温度的变化而变化。在同一环境条件下,家蚕的体温会因

为生长发育的龄期不同而不同,一般大蚕期的体温比小蚕期高;同一龄期中,每龄初期体温较低,之后体温随着生长而升高,到盛食期时达该龄期的最高温度,然后又下降,眠中温度最低。最适宜家蚕生长发育的温度是20~28摄氏度。在适温范围内,环境温度越高,蚕体的新陈代谢越旺盛,单位时间内的桑叶食下量、消化量、吸收量和排泄量越大,蚕生长发育越快,发育经过越短;反之,随着温度降低,蚕发育变慢,发育经过越长,抗病力越差。4龄蚕对过低温度反应最为敏感,在18.5摄氏度低温下生长发育缓慢,并且会导致全茧量、茧层量明显下降。为此,4龄蚕应避免接触过低温度。

(2)温度对蚕就眠的作用与影响。饲育环境温度显著影响蚕就眠的快慢和整齐度,在适宜的温度范围内,一般环境温度越高则就眠越快而且越整齐;反之,温度越低则就眠越慢而且越分散。例如,1~3龄蚕在27~29摄氏度中饲育时从见眠到眠齐需8~12小时,而在24~26摄氏度饲育时从见眠到眠齐的时间延长,共需要16~20小时。

饲育的环境温度对蚕就眠的影响主要表现在两个方面。一是对蚕总体就眠情况的影响,主要取决于实际感温量。温度一时的升高或降低能相互弥补,总的发育经过时间可以不受影响。二是在不同时期饲育温度对蚕就眠的影响存在明显差异,如将一个龄期划分为前、中、后3个时期,龄期的后期蚕处于将眠期,此时温度对蚕的就眠影响要比前、中期更为明显,在蚕将眠期用高温饲育,蚕就眠快而整齐,反之则迟而分散。为此,在养蚕生产上若要控制日眠,必须重视每个龄期的后期温度的调节。

(3)温度对蚕眠性的作用与影响。眠性是蚕幼虫的一种重要生理现象,影响蚕茧的质量和产量。一般眠数少的品种的蚕体小且轻、发育快且经过短、茧小且轻、茧产量低、茧丝纤度细;相反,眠数多的品种的蚕体大且重、发育慢且经过长、茧大且重、茧产量高、茧丝粗。我国生产上饲养的均是四眠品种,但在四眠品种中也常会出现少数三眠蚕或五眠蚕,这除了与有些蚕品种的眠性不稳定等内在因素有关外,温度等外界条件也在其中起到了作用。促进四眠品种中发生三眠蚕的温度条件:催青中全期或后期用低温(20摄氏度左右)保护;1~2龄期接触高温(29摄氏度以上),其三眠蚕发生数,龄前半期接触高温的比龄后半期接触高温的要显著增多,饷食24小时后接触高温的比全龄期接触高温的显著减少,就眠前接触高温的比眠期接触高温的影响要小。促进四眠蚕品种中发生五眠蚕的温度条件为催青中高温、饲育中低温,这与发生三眠蚕的正好相反。

(4)家蚕的饲育适宜温度。家蚕的饲育适温是以蚕茧产量与质量等经济性状为指标而提出的,一般指在该温度下蚕生长发育好、生命力强、产茧量高、丝质好、饲养成本低、经济效益好。蚕饲育的适宜温度,随蚕品种、生长发育时期、营养条件等的不同而有差异。一般原种比杂交种偏低,一化性种比二化性种偏低,二化性种比多化性种偏低;桑叶营养条件差的比营养条件好的偏低;多湿、通风不良条件下比适湿、通风良好条件下偏低;龄期大的比龄期小的偏低;同一龄期中的少食期和中食期宜偏高,盛食期和眠期则宜偏低。

家蚕的饲养适宜温度通常为:第1龄为27~28摄氏度,以后随着龄期增加,每龄降低1摄氏度左右,到第5龄为23~24摄氏度。在此范围内,蚕食桑正常,蚕体能正常生长发育,并能获得较好的饲育成绩和茧丝质量。

2.湿度

(1)湿度对蚕生理的作用与影响。家蚕从饲料中获得水分,并通过气门、体壁以气态的形式以及通过排泄器官以蚕尿的形式随粪排出水分。环境湿度对蚕体的水分平衡有一定的调节能力。

(2)湿度对蚕生长发育的作用与影响。湿度对蚕生长发育的影响,分为直接影响和间接影响两个方面。直接影响是,当环境条件中湿度增

高时,蚕体水分蒸发困难,体温升高,呼吸量增多,食下量和消化量增加,龄期经过缩短,表现出对蚕生命活动的促进作用,但往往引起蚕体肥大,健康度下降;相反,当环境条件中湿度降低时,蚕体水分大量蒸发,体温降低,呼吸量减少,脉搏变慢,食下量和消化量下降,龄期经过延长,此时如蚕食下的桑叶水分不足,就会引起蚕体水分失去平衡,明显地表现为蚕体弱小、茧质差。

间接影响是所给予的桑叶的保鲜度和蚕座上病原微生物的繁殖程度。当环境条件中湿度低时,给予的桑叶凋萎快,从而容易造成蚕食桑不足,导致龄期经过延长,在眠中又往往引起蚕蜕皮困难,但蚕座上病原微生物繁殖少,卫生状态良好;当环境湿度高时,桑叶凋萎慢,蚕能充分食桑,但因蚕座潮湿促进病原微生繁殖而成为某些蚕病发生的诱因。

(3)家蚕饲育的适宜湿度。家蚕饲育的适宜湿度因家蚕品种、生长发育时期、环境气象条件、营养条件等不同而不同,一般壮蚕比稚蚕宜低,龄后期比龄前期宜低,原种比杂交种宜低,通风不良比通风好宜低,营养条件差的比营养条件好的宜低。

家蚕饲育的适湿范围:第1龄为95%左右,以后每龄逐渐降低5%~6%,到第5龄时为70%~75%。一般小蚕期采用的是全龄防干育,大蚕期的饲育环境则需要通风处理。

3.空气与气流

(1)空气对家蚕生长发育的作用与影响。家蚕在饲育过程中需要从新鲜空气中摄取氧气而进行呼吸,分解有机物以释放能量,用于蚕的生长发育。但空气中也存在对蚕有害的不良气体,如蚕室密闭,不良气体则会停留在蚕室内从而妨碍蚕的呼吸,或随桑叶进入蚕体内,使蚕生长发育不良,从而有损蚕体健康。若不良气体浓度过大,蚕可能会表现出毒害症状,并且还会引起蚕茧解舒不良。

如 CO、CO_2、SO_2 等不良气体亦对蚕卵有毒害作用,中毒后的蚕卵大多在催青后期发生死卵或孵化不齐。

(2)气流对家蚕生长发育的作用与影响。蚕体对气流的要求,因其龄期和环境温度、湿度不同而不同。一般稚蚕期只需要适当的通风即可,给予较大气流反而会造成小蚕期的蚕室保温保湿困难、桑叶失水,从而不利于稚蚕的生长发育。壮蚕期需要的气流比稚蚕期高,壮蚕期需要较大气流,特别在盛食期或大眠期遇到高温多湿情况时,通风不仅可消除蒸热对蚕体的影响,而且有助于蚕体的水分蒸发,可以促进蚕体温下降,从而减轻高温多湿对家蚕的危害。当熟蚕上蔟结茧时,由于蚕排粪、排尿、吐丝、结茧而需要排出大量水分和不良气体,必须注意空气的流通,这不仅能保证室内空气新鲜,排除浊气,而且可以减少死笼茧和不结茧蚕的发生,提高茧丝品质。

4.光线

(1)光线对蚕生长发育的作用与影响。家蚕有趋光性,以蚁蚕的趋光性最强,以后逐龄减弱;在龄期以内,起蚕的趋光性最强,随着其生长逐渐减弱。

光线对蚕生长发育的影响因龄期和饲育温度的不同而不同。在24摄氏度适温下,明饲育促进稚蚕发育但抑制壮蚕发育,暗饲育抑制稚蚕发育但促进壮蚕发育。由于稚蚕趋光性强,明饲育促使蚕向蚕座上层移动,潜伏在残沙下层的蚕较少,蚕容易吃到新鲜桑叶而生长快。为此,养蚕室要求均匀的散射光线,以白天微明、夜间黑暗的自然状态为宜,避免强光或直射光等造成蚕座上的蚕分布不均匀,从而造成蚕发育不齐。由于熟蚕背光性强,所以上蔟室要遮暗并光线均匀,这样使茧层厚薄均匀,并减少双宫茧的发生。

(2)光周期对蚕生长发育的作用与影响。家蚕与普通昆虫一样,在

长期的进化过程中,形成了对昼夜与季节的明暗节律变化的适应性,因而自身的活动和生长发育也产生了节律性变化。如蚕卵孵化、幼虫生长发育与就眠时间、蚕蛾羽化等均表现出了24小时的周期性节律。

蚕卵胚胎发育明显受到光周期的影响,在胚胎缩短期到出现气管显现期之间(戊3~己3),胚胎开始对光线刺激产生反应,此时增加感光时间可促进蚕向一化性发展;在点青前对蚕卵照明可使胚胎发育加快,而点青期(己4)则黑暗条件下胚胎发育快,在转青期(己5)黑暗条件却又抑制胚胎发育,若此时进行遮光,己5胚子孵化将被抑制,而此前的己4胚子则快速向前发育,到收蚁当日早晨进行感光,可使蚁蚕齐一孵化,从而提高蚁蚕一日孵化率。这一光线对胚胎发育的影响规律,已经被广泛应用于实际生产的蚕卵催青中并获得了很好的效果。蚕就眠也随着昼明夜暗周期性变化而出现日节律性,即白天促进蚕就眠,黑夜抑制蚕就眠,蚕日眠比夜眠发育整齐。日眠一般指清晨6时左右见眠,10~14时就眠进入高峰,整个就眠所需时间为8~12小时。根据蚕就眠日周律的特性,如果当日不能眠齐时,就要采取降温措施,延至第2日让其日眠,或提前加高温度促使当日内日眠。

5.养蚕中气象因素的综合调节

家蚕在室内饲养,其生长发育、吐丝结茧等生命活动受到室内的温度、湿度、空气与气流、光线等气象环境因素的综合影响,其中温度与湿度起主导作用,其他气象环境因素起相互制约、辅助作用。为此,对蚕室内的气象环境需要以适宜气象环境为标准,可以适当地进行人工调节。

养蚕过程中,温度、湿度的调节非常重要。稚蚕期,饲养环境一般比较密闭,养蚕面积较小,蚕室保温保湿性能好并且适宜偏高温度的环境,所以通过加温补湿后一般能达到目的温度和湿度。壮蚕期,由于饲养面积较大并且大蚕适宜干燥、偏低的温度、通风的环境,所以当遇到不良自

然气象环境时需要采取各种措施加以调节。

（1）高温干燥。此种情况是由于高温导致的干燥，重点在于高温，所以一方面要防止室温的升高，另一方面要结合补湿降低室温。具体调节方法：①蚕室四周搭凉棚，门窗挂湿草帘，以降低蚕室内温度；②中午气温高时适当关闭门窗，晚上在室外气温降低时打开全部门窗进行换气，以降低蚕室内温度；③在室内墙壁、地面喷洒凉水，并在适当时向空中喷洒凉水以降低蚕室内温度；④稚蚕期可采用防干育以保持桑叶新鲜，壮蚕期可在中午高温干燥时给湿叶饲喂。

（2）高温多湿。此种情况对壮蚕危害大，其长期处于高温多湿的环境将引起严重不良后果。具体调节方法：①增加开窗换气次数，中午室外气温升高时使用风扇加强通风换气，晚间在室外气温降低时则可打开门窗进行通风换气，以消除蚕室内闷热情况；②蚕室四周搭凉棚，门窗挂草帘遮阳，阻止室温上升，当室外气温低时卷起凉棚和草帘，使得凉风进入以降低室内温度与湿度；③蚕室地面喷撒石灰，蚕座上多撒石灰、焦糠等干燥材料，以降低蚕座湿度；④增加除沙次数，保持蚕座清洁干燥，中午温度过高时适当减少给桑量，夜间在气温降低时适当增加给桑量，同时蚕座稀放。

（3）低温多湿。此种情况需要适当加温，当室内温度升高后，湿度也就能明显降低。具体调节方法：①用加热器升高蚕室内温度后，适当打开门窗进行换气排湿，以降低蚕室内湿度；②不给湿叶并适当减少给桑量，防止蚕座残桑堆积而潮湿；③增加除沙次数，多用干燥与吸湿材料，保持蚕座干燥。

（4）低温干燥。此种情况需要室内同时进行加温补湿工作。具体调节方法：①使用电热补湿器，在升温的同时增加湿度；②给新鲜桑叶，减少每次给桑量并增加给桑次数，壮蚕期可适当给些湿叶。

（5）空气与气流。气流不仅在温度和湿度调节上至关重要，而且对蚕的生理活动产生影响，调节高温和多湿均需要较强的气流。稚蚕呼吸量小并且对高温多湿环境的适应性强，所以在每次给桑期间速行换气能满足稚蚕对新鲜空气的需要。壮蚕呼吸量大并且对高温多湿、不良气体的抵抗力弱，所以要加强通风换气，特别在持续高温多湿的气候时更要加强通风换气。具体通风换气的方法：①利用风力，当室外有风时，打开南北窗与门，促使空气对流；②利用室内外温差，当室内温度高于室外气温时，打开蚕室上下换气窗，室内污浊热空气从上换气窗推出，新鲜冷空气从下换气窗流入，形成空气对流；③利用人工器械，借助电风扇、空调等鼓动室内外空气对流交换。

（6）光线。养蚕在室内进行，所以其光线的调节较为简单方便，需要增加光照时打开室内电灯，其他时间均自然光照，同时防止日光直射蚕座，尽量保持蚕室内光线分散并明暗一致。

二 稚蚕期的生态要求

根据家蚕幼虫期不同发育阶段在生理、生长上的不同特点以及对气象环境和营养条件的不同要求，我国现行养蚕生产上使用的蚕品种基本都是4眠5龄，通常将第1~3龄期称为稚蚕期（俗称小蚕期）。稚蚕期是充实体质和维护群体发育齐一的重要时期，是整个蚕期的基础。为此，采取适合稚蚕期生理生态特点的技术措施养好稚蚕，对于实现高产、丰产具有重要意义。

1.稚蚕对高温多湿环境的适应性强

稚蚕皮肤薄，蜡质含量少，单位体重的体表面积大，其体内的热量易通过传导和水分蒸发而散失较快。为此，稚蚕易散热、蒸发水分而使体温降低，一般稚蚕体比周围微气象环境中的气温要低0.5摄氏度左右。

同时,稚蚕所用的桑叶嫩,切碎后容易凋萎,在高温环境下桑叶反而容易保鲜,可使蚕吃饱吃好。因此,在适宜的温度和湿度范围内,稚蚕更适应高温多湿的环境。采用高温多湿环境饲养稚蚕,不仅适合稚蚕生理生态特点,而且可使稚蚕的生理代谢作用增强,发育加快,食下量、消化率提高,生命力增强,最终获得优质、高产的饲养成绩。

2.稚蚕呼吸强度大

稚蚕对 CO_2 气体的抵抗力较强,适宜在覆盖或密闭下饲养。稚蚕体内物质代谢旺盛,同时,稚蚕期为提高桑叶保鲜效果,可采用薄膜(或防干纸)覆盖或密闭环境下适当换气的方式进行饲育。

3.稚蚕期生长发育快

蚕在稚蚕期各龄生长发育很快,蚕体重在1龄期增加15~16倍,2龄期增加6~7倍,3龄期增加5~6倍。由于生长迅速,稚蚕对桑叶质量要求高,必须严格选采水分多、蛋白质含量丰富、碳水化合物适量的新鲜适熟叶来进行饲养。

另外,稚蚕体表面积的增长率大,就眠快,龄期经过时间短。因此,稚蚕期必须超前扩大蚕座面积,防止蚕头拥挤而造成蚕食桑不足、发育不齐;眠起处理必须及时,加眠网、提青网宜早不宜迟。

4.稚蚕有趋光性和趋密性

家蚕的趋光性与蚕的发育阶段以及光的强度有关。收蚁时段早感光能显著提高孵化率;稚蚕给桑时提前感光30分钟,可以促进蚕向上移动而减少伏箕蚕的损失;蚕室内光线分布不均匀易造成蚕座上蚕分布不均匀而影响蚕的食桑。

稚蚕具有较强的趋密性。因此,稚蚕饲育在每次给桑时都要做好匀座和扩座的工作,以保证蚕座上蚕分布均匀且密度适当,从而使每头蚕都能均匀食桑。

5.稚蚕的抗病力和抗逆性均弱

由于稚蚕对各种病原体的抵抗力较弱,饲养稚蚕的环境、用具等要严格消毒,以防止稚蚕感染发病。稚蚕对有害气体的抵抗力均较弱,容易引起中毒。另外,稚蚕食下被农药、煤烟、氟化物等污染的桑叶,受害程度也远比壮蚕严重。因此,饲养稚蚕需要清洁的环境,并远离毒气和毒物。

三 壮蚕期的生态要求

通常将4~5龄期称为壮蚕期(俗称大蚕期)。壮蚕期是在稚蚕饲育获得强健体质和正常发育的基础上,大量摄食桑叶来获取营养以增长蚕体和合成丝蛋白的时期,是直接关系到蚕茧产量与质量的关键时期,也是养蚕劳动集中、病害高发的时期。因此,应根据壮蚕期的生理生态特点,采用先进、科学的技术措施来饲养壮蚕。

壮蚕期具有如下的生理生态特点:

1.壮蚕对高温多湿的抵抗力弱

壮蚕期用桑量占整个蚕期的95%以上,这也伴随着水分食下量的大幅增加。由于壮蚕体表的蜡质层较厚,所以壮蚕单位体重通过体表散发水分以及通过气门蒸发水分的量相对较少。如壮蚕期饲养环境高温多湿,则会阻碍体内水分从体表、气门散发,剩余水分只能以蚕尿的形式随蚕便排出,这会使蚕体陷入虚弱,抵抗力下降,容易诱发蚕病。因此,壮蚕期需要在适温、干燥、通风的环境下饲养,尽量避免高温多湿的闷热环境。

2.壮蚕期是蚕茧产量形成的重要时期

需要及时提供优质、充足的桑叶,以保证壮蚕良桑饱食从而获得高产、优质的蚕茧。

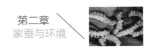

3.壮蚕对CO₂的抵抗力弱,需要通风换气的饲养环境

壮蚕对CO_2的抵抗力弱,体内代谢产生的CO_2增多,耗氧量也增加,容易发生空气浑浊而引起壮蚕呼吸障碍的事故。为此,壮蚕期要求蚕室宽敞,及时清除蚕沙,并加强蚕室内外的通风换气。

4.壮蚕对变温适应性强,眠性慢

壮蚕活动能力强,移动范围大,对变温等自然环境适应性强。因此,壮蚕可以进行地蚕育、条桑育、大棚育等省力化和简易化饲养,以减轻劳动强度和提高劳动生产率。

壮蚕期眠性慢且不齐,所以壮蚕期的大眠加眠网时间宜适当推迟,并做好提青分批工作,以促进壮蚕健康生长。

▶ 第二节 营养环境

一 桑叶品质

家蚕的营养是其生长发育的物质基础,是影响蚕茧、蚕种产量与质量的关键因素。幼虫期是家蚕一个世代中唯一的摄入营养时期,依靠这一时期摄食的桑叶,取得营养而进行整个世代的生长、发育和生殖。为此,提供给蚕的桑叶品质将直接影响蚕体的强健度和蚕茧的产量、质量。

1.影响桑叶品质的因素

桑叶品质是指桑叶对蚕的营养价值。评定指标除桑叶的化学成分及其含量外,还有桑叶各时期的物理性状、针对目标蚕的生长时期等。桑叶品质因桑树品种、树形与叶位、土壤与肥培管理、季节与气象等的不同而有差异。

（1）桑树品种。不同桑树品种的桑叶品质存在较大差异，一般山桑系、白桑系品种桑叶中蛋白质和碳水化合物的含量比鲁桑系品种丰富；早生桑的桑叶成熟早于中生桑，中生桑的桑叶成熟又早于晚生桑；鲁桑系品种桑叶的硬化迟于山桑系、白桑系品种。

（2）桑树树型。在同一栽培条件下，一般桑叶的水分和蛋白质含量为低干桑＞中干桑＞高干桑；桑叶的碳水化合物、钙质和无机盐含量为低干桑＜中干桑＜高干桑；桑叶的成熟程度为低干桑＜中干桑＜高干桑。

（3）叶位。桑叶着生在桑树枝条上的位置称为叶位。在春蚕期，桑叶的生长大体与蚕的发育相一致，其枝条上不同叶位桑叶的饲料价值无大的差别。但在夏秋蚕期，因枝叶生长期长，叶龄先后差别大，其不同叶位桑叶的品质差别就很大了。水分含量为上部叶（75.5%）＞下部叶（69.5%）＞中部叶（69.0%），蛋白质含量为上部叶（28.13%）＞中部叶（26.98%）＞下部叶（21.00%），可溶性碳水化合物含量为中部叶（10.94%）＞上部叶（8.65%）＞下部叶（4.72%），粗脂肪含量为下部叶（7.94%）＞中部叶（5.55%）＞上部叶（4.80%）。由此可见，秋蚕期枝条上部树叶为未成熟叶，中部为成熟叶并且营养成分含量比较稳定，下部叶粗、硬且营养价值较差。为此，夏秋蚕期要分批饲养，自上而下分期采摘适熟叶，以保证叶质及养蚕成绩。

（4）土壤。在土壤颗粒组成中黏粒、粉粒、沙粒含量适中的填土上栽培的桑树，其桑叶含水分和蛋白质多，含碳水化合物少，成熟迟。在土壤颗粒粗、沙粒含量高的沙质土壤上栽培的桑树，其桑叶品质与填土上栽培的相反，桑叶含水分和蛋白质少，含碳水化合物丰富、成熟。

（5）肥培管理。缺肥的桑园，桑树树势弱、生长缓慢、产叶量低，桑叶中的水分和蛋白质含量均低，碳水化合物含量相对较多，桑叶成熟和硬化早、叶质差。氮肥过多的桑园，会使桑叶水分和蛋白质含量增多，碳水化合物和灰分含量相对减少,桑叶不易成熟,叶质差。结合用磷、钾、钙质肥料可以改善桑的理化性状,促进桑叶成熟,提高饲料价值。为此,桑园要加强肥培管理,施用氮、磷、钾比例合理的肥料,以获得优质高产的桑叶,从而更好地饲育家蚕。

（6）季节。春季随着气温升高桑叶开始萌发,从开叶到成熟基本与春蚕龄期的增长同步,桑叶中水分和蛋白质含量高,可溶性碳水化合物、粗脂肪、灰分含量较低,因此春季桑叶品质比较好,营养价值较高。夏秋季气候变化大,并经常遇到高温干旱、阴雨连绵等不良天气,桑叶水分和蛋白质含量相对低,可溶性碳水化合物、粗脂肪、灰分含量相对较高,所以夏秋季桑叶品质变化大,需要选采适熟叶养蚕。

（7）气象。在湿度大、日照不足、光合生产率低的阴雨连绵天气,桑叶的叶色变淡,叶肉薄,不易成熟,含水分过多,含蛋白质、碳水化合物、无机盐类、维生素等较少,叶质差。遇久旱不雨的高温天气,因缺乏水分供应,桑树生长停滞,桑叶快速硬化,营养价值降低。

2.桑叶品质与蚕生长发育的关系

在相同的温度、湿度条件下用不同季节的桑叶养蚕,因其叶质不同而使蚕生长发育情况存在显著差异。春季桑叶叶质好,营养丰富,蚕生长快,发育经过时间短。夏秋季桑叶比较老硬,营养价值较差,蚕生长较慢,发育经过时间延长。

不同桑树品种的桑叶对蚕生长发育情况的影响也存在差异。用成熟度相似的不同桑树品种的桑叶在相同的温度、湿度条件下养蚕,发现吃含水量较低、营养物质含量较多的桑叶的蚕生长较快,1~5龄及全龄经过时间均较短,但1~2龄期蚕体重较轻,3~5龄期蚕体重较重;吃含水量较高、营养物质含量较少的桑叶的蚕生长较慢,1~5龄及全龄经过时间均较长,但1~2龄期蚕体重较重,3~5龄期蚕体重较轻。

桑叶着叶位置不同所造成叶质的差别对蚕生理有明显的影响。用接近枝条梢端的嫩叶养蚕,蚕发育经过时间延长,眠期不齐,一定时间内的就眠率低,绝食生命时间和健蛹率均低,并且多个龄期连续影响要比1个龄期影响大。用枝条中部的适熟叶养蚕,蚕发育经过快,就眠整齐并且一定时间内就眠率高,绝食生命时间长、健蛹率高。用枝条下部的硬老叶养蚕,蚕发育经过时间延长,就眠整齐度和一定时间内就眠率降低,生命率和健蛹率下降。

用施肥过少的桑叶养蚕,蚕体质虚弱,蚕病增多。用日照不足的桑叶养蚕,蚕体健康度下降,减蚕率增大。

3.桑叶品质与养蚕成绩的关系

桑叶品质与产茧量、茧丝质量和产卵量、卵质量等都有很大关系。

桑叶所含的营养成分因桑树品种不同而存在差异,用其养蚕的成绩也不同。养蚕的幼虫成活率、死笼率、万头收茧量、万头茧层量、全茧量、茧层量、茧层率、茧丝长和茧丝量等养蚕成绩,在不同桑树品种间也存在明显的差异。桑叶品质还影响原蚕的产卵量、卵质和下一代蚕的饲养成绩。有研究发现,不同叶位桑叶不仅对蚕龄期经过、蚕体重、蚕健康度、蚕茧产量和质量有明显影响,而且对茧丝长、茧丝量、纤度、解舒丝长、解舒率、干茧出丝率等茧丝质量也有明显影响。

在物理性质上,桑叶组织软硬和厚薄适当,适合蚕咬食,易食下与消化,并在单位时间内的食下量、消化量和消化吸收率均大,在化学性质上具备蚕生长发育所需要的各种营养物质并且比例适当,这种桑叶称为适熟叶。由于各龄蚕对各种营养成分的要求不同,所以适熟叶的标准也随着龄期的变化而改变。稚蚕期用桑要求水分和蛋白质含量较多、碳水化合物含量适中、质地软嫩的桑叶;壮蚕期用桑要求碳水化合物、蛋白质含量多而水分含量较少的成熟桑叶。

在养蚕生产上,常按叶色、叶位、手摸、喂养试验等来鉴定选择各龄蚕的适熟叶。

二 给桑量及蚕食下量

1.养蚕的给桑量

养蚕期的给桑必须要掌握适量为宜,以使蚕充分饱食为原则。如果给桑过少,则造成蚕食桑不足,导致蚕体瘦小、发育不良。特别是5龄中后期,若给桑过少,将严重影响蚕茧的产量,并使蚕丝的质量降低。反之,如果蚕期给桑量过多,不仅浪费桑叶、增加养蚕生产成本,而且会影响蚕座的环境,在小蚕期的时候会导致伏黄蚕增多并且小蚕发育不齐,在大蚕期时则会造成剩余桑叶堆积过多引起蚕座过于冷湿或闷热,导致病原微生物增多,从而诱发蚕病。所以,在实际生产中要适量给桑,每次给桑量的多少由以下5个方面来决定。

(1)给桑量和给桑次数。每次给桑量应随着每日的给桑次数变化而变化,当每日给桑次数增多时,则每次给桑量相应减少;相反情况下,当给桑次数减少时,则每次给桑量应适当增加。

(2)蚕的发育阶段。蚕的食桑量随龄期的增长而增加,给桑量需要相应增加。小蚕期用桑量只占总用桑量的4%左右,而大蚕期用桑量占总用桑量的96%以上,其中5龄期用桑量占85%以上。所以,大蚕期特别是5龄期要提前计划,规划布局、定量用桑,并有计划地调整和控制用桑量,避免出现余叶或5龄期缺叶,尽量做到叶种平衡。

同一龄期中,蚕的食桑量又可以细分为少食期、中食期、盛食期和催眠期。少食期一般是从收蚁或饷食后约1天内,约占该龄期的1/4时间,此期蚕消化吸收力弱,必须控制蚕的给桑量。中食期是少食期往后1天,约占该龄期的1/4时间,给桑量以此次喂蚕后、下次给桑前蚕座上有少量

残桑为适宜。盛食期是中食期过后,约占该龄期的3/8时间,此期蚕食桑旺盛,食桑量最多,给桑量要充足,以保证蚕充分饱食。催眠期(在5龄期为催熟期)是盛食期过后,约占该龄期的1/8时间,此期蚕食桑开始减退,应逐渐减少给桑量。

(3)温度和湿度。蚕室内的温度和湿度直接影响蚕的食欲和桑叶用量的预测。稚蚕防干育在高温多湿环境下进行,蚕食桑旺盛,发育快,桑叶能保持新鲜,因此可以减少给桑次数,同时增加每次给桑量。壮蚕应通风饲养,在气温较高时适当增加给桑量,在气温偏低时酌情减少给桑量。

(4)家蚕品种。不同品种的蚕的食桑速度、每次食桑持续时间等存在差异,所以给桑量宜根据品种的食桑习性进行适当调节。中国系品种蚕属于急食性,给桑后很快取食,一次的食下量较多,所以给桑量宜稍多;日本系品种蚕属于缓食性,食桑较慢,因此给桑量不宜过多;目前农村生产中推广的杂交种,给桑后蚕就食较快,食桑也较旺盛,所以给桑量宜略微增加,以发挥多丝量品种的特性。

(5)桑叶叶质。在正常情况下,桑叶新鲜、叶肉厚、成熟适度,则每次给桑量可稍增多,给桑次数可稍减少;相反,桑叶不新鲜或贮藏时间过久、叶肉薄,则给桑次数可稍增加,每次给桑量宜稍减少。全叶比切叶、条桑叶比全芽叶不容易失水,可以略增加每次给桑量,同时稍减少给桑次数。

2.给桑量对蚕生长发育和养蚕成绩的影响

给桑量的多少直接影响蚕的生长发育,给桑量不足时,蚕生长发育缓慢,龄期经过延长,蚕茧产量、质量降低,并随着给桑量的减少而延长与降低。随着给桑量的增加,蚕生长发育加快,龄期经过缩短,蚕茧产量、质量提高;但当给桑量超过一定范围而过量时,再增加给桑量,不仅不能缩短龄期经过与提高蚕茧产量、质量,而且因过多残桑造成蚕座环

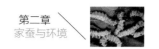

境卫生不良、蚕健康度下降,反而使蚕生长发育不良与养蚕成绩降低。

给桑量也影响茧丝长、茧丝量和茧丝纤度。茧丝长、茧丝量随给桑量增多而增长,但在春蚕期给桑量达600千克/张种以上时,茧丝长增长幅度减小;茧丝纤度随给桑量的增多而加粗。

3.蚕的食下量

在常温下,蚁蚕孵化后一般经20~60分钟开始食桑,2龄期蚕蜕皮后经80~120分钟后食桑,3龄期蚕蜕皮后经30~100分钟后食桑,4龄期蚕蜕皮后经80~170分钟后食桑,5龄期蚕蜕皮后经100~170分钟后食桑。在此期间,蚁蚕大部分时间用于爬行以寻找食物,各龄期蚕因蜕皮疲劳而需要休息恢复。每次食桑的持续时间以3龄期较短,其他各龄期间的差异不大,为12~16分钟。在同一龄期中,龄初较短,后逐渐增长,到龄末最长。中国系品种蚕食桑活泼,食桑时间也较长;日本系和欧洲系品种蚕食桑不活泼,食桑时间也较短。对嫩软叶的食桑时间较长,对适熟叶的食桑时间适中,对老硬叶的食桑时间较短。

蚕食下桑叶的量为食下量,一般由给桑量减去食后残余叶量而得出。食下量因蚕生长发育阶段、性别等不同而存在差异。一头蚕全龄的鲜桑叶食下量为13~21克,随着龄期增大而食下量增高,其中1~4龄期的食下量仅占全龄约16%,而5龄期占全龄约84%;雌蚕的食下量比雄蚕多;在同一个龄期中,食下量在龄初较少,后随着蚕生长而增大,到盛食期达最大,后又逐渐减少,到龄末期入眠时停止食桑。

叶质对蚕的食下量影响很大,适熟叶的蚕的食下量、食下率和消化率均最高,过老、过硬叶的蚕的食下量、食下率和消化率均较低。

4.给桑量与食下量的关系

在一定范围内,蚕的食下量随着给桑量的增加而增加,但超过食下量最大限度时,即使给桑量再增加,蚕的食下量也不会增加。另外,在标

准给桑量时,蚕的食下量约为给桑量的67%;当再增加给桑量,尽管食下量会随之增加,但食下率却随之减少,造成桑叶浪费。因此,在养蚕生产上不仅要设法提高蚕的桑叶食下量,而且同时也要考虑节约用桑成本与提高劳动生产率,做到经济合理给桑。

(三) 不良桑叶及处置方法

不良桑叶是指受外界因素(物理因素或化学因素)等影响而形成的对蚕的营养、生理不利的桑叶。不良桑叶大致可分为两大类型:一是化学性质上的不良桑叶,桑叶中缺乏蚕必需的成分或某些成分含量过多或过少,如过嫩叶、过老硬化叶、日照不足叶、旱害叶、蒸热捂熟叶、萎凋叶等;二是外来物质附着导致的不良桑叶,在桑叶上附着有害蚕体生理的有毒、有害物,如煤烟灰、氟化物、烟草、农药、蚕病原微生物及泥尘等。在养蚕生产上,首先要避免产生不良桑叶;其次对已形成的不良桑叶要有效处理,以减轻对蚕的危害。

1.过嫩叶

过嫩叶是指着生于桑枝新梢顶端的几片生长时间短、叶质尚未成熟的桑叶。过嫩叶含水分和有机酸多,含蛋白质、碳水化合物、脂类、粗纤维等干物质少,容易失水萎凋。用过嫩叶喂蚕,会造成蚕营养不良,体质虚弱,容易诱发蚕病。因此,养蚕生产上应避免使用过嫩叶。

过嫩叶的处置措施:待桑叶生长成熟后再采摘使用。

2.过老硬化叶

过老硬化叶是指含水率在65%以下、叶质粗硬、手捏易破碎的桑叶。老硬叶中蛋白质等可利用的营养成分含量显著减少,而不能利用的纤维素含量增多。用老硬叶喂蚕,由于蚕难以食下与消化,所以其食下量、消化率均减少,从而造成蚕营养不良,蚕体瘦弱,生长缓慢与经过延长。老硬叶常在秋蚕期出现,为此养蚕生产上要合理布局,分批饲养秋蚕,使桑叶成熟后被随时采用,避免叶龄过老而硬化。

老硬叶的处置措施:①适当增加给桑量或给桑次数,力求桑叶新鲜;②适当提高饲育温度、湿度,促使蚕充分食桑,增加营养的吸收。

3. 日照不足叶

日照不足叶是指长期连续阴雨或栽植过密或生长在遮阴地方从而缺乏日光照射的桑叶。日照不足叶与普通叶相比,蛋白质和碳水化合物的含量显著下降,含水量较高。用日照不足叶喂蚕,蚕生长发育缓慢,龄期经过延长,并且蚕体质虚弱,蚕座过度潮湿,容易诱发蚕病。日照不足桑树如再多施氮肥,则其在高温多湿环境下容易徒长,其叶质更坏。

日照不足叶的处置措施:①对桑树采取隔行摘叶,隔行伐条,或去除遮阳物,使桑园通风透光;②桑园应多施堆肥、厩肥等迟效性肥料,而速效性肥料应早施或少施;③采下的日照不足桑叶在低温、多湿、无气流处贮藏一昼夜,促使部分淀粉转化为糖类,同时使桑叶含水量减少,以改善叶质;④力求适温适湿饲育并注意换气,蚕座多撒焦糠、石灰等干燥材料。

4. 旱害叶

旱害叶是指遭遇高温、久旱、不雨的天气,桑园没有及时进行灌水抗旱而受到了旱害的桑叶。旱害叶水分和蛋白质含量显著减少,纤维素含量显著增多,导致叶质粗硬。用旱害叶喂蚕,蚕生长缓慢,经过延长,发育不齐,体质虚弱,容易诱发蚕病,导致产茧量低。

旱害叶的处置措施:①叶面喷洒清水以给桑叶补水;②早晨采露水未干的桑叶,避免中午采摘,缩短贮藏桑叶时间,以防桑叶凋萎;③桑园及时开沟灌水或在早晨日出前和傍晚日落后用机械喷灌降水,以缓解旱情。

5.蒸热捂熟叶

蒸热捂熟叶是指桑叶在运输或贮藏过程中,因堆积过多、过紧或时间过长,造成叶片呼吸作用所释放的热量不能发散,使叶堆中温度不断增高,形成蒸热并灼伤、捂熟叶片,导致叶片发酵、变质。用蒸热捂熟叶喂蚕,蚕生长发育不良、体质虚弱,容易诱发蚕病。

蒸热捂熟叶的处置措施:①在桑叶的采摘、运输过程中要做到随采随运、松装快运,桑叶堆积不宜过多与时间过长,同时贮桑室要保持低温,避免蒸热捂熟叶的发生;②对于蒸热捂熟严重的桑叶要坚决淘汰掉,绝不可用于喂蚕。

6.萎凋叶

萎凋叶是指采下后失水10%以上并出现萎凋状态的桑叶。萎凋叶是因运桑、贮桑过程中处理不妥当而造成的。用萎凋叶喂蚕,蚕的食下量显著减少,生长缓慢,发育经过延长;萎凋叶对蚕的危害随桑叶失水量(萎凋程度)的增加而增大,随蚕龄期的增大而减小。

萎凋叶的处置措施:①在桑叶的采、运过程中要做到随采随运与快运,尽量缩短贮桑时间并要保持贮桑室低温多湿,避免萎凋叶的发生;②向萎凋较轻微的叶面喷洒清水以给桑叶补水加以缓和,对于萎凋严重的桑叶要坚决淘汰掉,绝不可用于喂蚕。

7.煤灰、氟化物污染叶

桑园靠近工厂、砖瓦窑等,燃煤产生的煤灰、氟化物等有毒物以及砖瓦泥土经高温处理而产生的氟化氢等有毒气体污染桑叶,这种被污染的桑叶统称为煤灰、氟化物污染叶。用氟化物含量超过0.03‰的煤灰、氟化物污染叶喂蚕,多数蚕品种将出现中毒现象,中毒蚕体质虚弱,易诱发蚕病与不结茧;当污染严重并且蚕大量食下时就会出现急性中毒,表现为食桑量突然减少,蚕行动不活泼,并很快陆续死亡。

煤灰、氟化物污染叶的处置措施：①仅桑叶表面黏附煤灰、尘氟，有毒气体尚未侵入叶肉组织的第一类煤灰、氟化物污染叶，对蚕危害较小，只要用清水洗干净、晾干后仍可喂蚕；②有毒气体已经侵入叶肉组织并且叶内累积氟化物含量超过0.03‰的第二类煤灰、氟化物污染叶，绝不可用作起蚕的食叶，在稚蚕期用3%、壮蚕期用5%的石灰水浸洗、晾干后喂蚕，可减轻伤害。

8.农药污染叶

农药污染叶是指被农药污染并且未过农药残效期的桑叶。用农药污染叶喂蚕，急性中毒的家蚕呈现出该种农药的典型中态症状且在短时间内死亡；微量中毒的家蚕往往无明显的外部中毒表现，但会因此出现发育缓慢、眠起不齐，容易诱发蚕病，对于5龄期蚕会导致不结茧或结薄皮茧等情况。

农药污染叶的处置措施：①发现蚕农药中毒后，立即对蚕室开窗换气，喷洒隔沙材料并加网除沙，去除农药污染叶，改用新鲜良桑叶喂食；②查明毒源，如果是使用的桑园中桑叶受农药污染，则停止采叶，待农药残效期过后再采；如果是因蚕室、贮桑室内某些用具被农药污染，则对有农药附着的用具用碱水洗涤并反复暴晒后，才能再使用；如果是因蚕室、贮桑室内存放农药而污染桑叶，则马上移除农药并对蚕室、贮桑室进行清洗后再使用。

9.病虫害叶

病虫害叶是指被病原微生物寄生或害虫食过的桑叶。病虫害叶一般水分含量少，营养价值差，并且还带有病原菌。如果用病虫害叶喂蚕，会导致蚕体不健康，容易感染病原微生物而诱发疾病。

病虫害叶的处置措施：①一般情况下，特别是稚蚕期应尽量避免使用病虫害叶；②如果一定要使用，在喂食之前，用清水、3%~5%石灰水或

含0.3%有效氯的漂白粉液清洗、晾干后再喂蚕,此举对减轻危害有一定的效果。

10.泥叶

泥叶是指被泥土沾污过的桑叶。低干桑、无干桑和杂交桑的枝条下部的桑叶容易被泥土黏附,同时道路两旁的桑叶也会沾有泥灰。泥叶由于叶片上黏附泥土,无法进行光合作用和呼吸作用,导致叶片的营养价值较差,加上蚕忌食泥叶,因此用泥叶喂蚕,常常会引起蚕食桑不足,并且会严重损害蚕体健康。

泥叶的处置措施:①在桑园里播种菜秧进行套种,使泥土不会溅起而黏附到桑叶上;②在道路两旁栽种隔离树,阻止泥灰吸附到桑叶上;③用清水漂洗掉桑叶上的泥灰,晾干后再进行喂食。

第三章 ▶ 家蚕饲育技术

　　我国的蚕茧产量占世界总产量的70%,生丝贸易量占国际生丝贸易总量的80%,丝绸业年创外汇60多亿美元,是具有重要农业地位的特色产业之一,兼具经济、社会、生态效益,是一项符合资源节约和环境保护基本国策的富民产业。栽桑养蚕、缫丝织绸兼具经济、社会、生态效益,目前已经成为部分经济欠发达的山区发展经济和实现乡村振兴的高效特色支柱产业,是山区农民增收的重要来源。

　　随着社会、经济和产业的发展,由于农村劳动力向城市转移以及农村经济多元化发展,我国蚕桑行业呈现出蓬勃发展势态,栽桑养蚕属劳动密集型产业,养蚕饲育技术不断提升,蚕农数量不断增加,养殖户规模不断扩大,养蚕大户和专业合作社层出不穷。但是,在养蚕过程中,部分蚕农过于追求养蚕速度和经济效益,不重视或忽视相应的饲养条件和技术改善,以及消毒防病工作,导致蚕疾病频发,大面积蚕桑损失惨重,无法收回投入成本,甚至颗粒无收。因此,掌握科学的家蚕饲养技术,有效防治家蚕病害,对于保障蚕农收入、促进蚕业健康发展意义重大。

　　家蚕是完全变态昆虫,经历蚕卵、幼虫、蚕蛹、蚕蛾四个时代。蚕是变温动物,体温随外界温度变化而变化,最适宜温度为20~28摄氏度。温度适宜和良桑饱食,则发育快;反之,发育慢、抗病力差。家蚕饲育技术包括养蚕前准备工作、催青、小蚕饲养、大蚕饲养、蔟中管理等。

▶ 第一节 养蚕前的准备工作

一 养蚕布局

1. 饲养时期

长江中下游地区的养蚕时间基本上是4月下旬至10月份。长江中下游地区4月下旬之前，温度过低，桑叶没有完全成熟，4月下旬开始桑树进入生长旺盛期；10月份后，温度不稳定，早晚温差大，桑叶有干枯老化现象，同时气候伴有极低温度出现，导致家蚕不食桑，龄期经过长，容易发生蚕病。因此，一般蚕期会安排在4月下旬至10月份。

2. 种叶平衡

必须要根据桑叶的产量来提前合理确定当年饲养量，饲养太少则浪费桑叶，饲养过多则进入大蚕期时桑叶不够用，还需要另行购买，都不能使得利益最大化。

3. 加强桑园管理保障工作，合理给叶

选择优质的桑树品种，建设优质高产桑园是多批次养蚕的首要条件。首先加强桑园的日常管护和桑园排灌工作，春夏应根据桑园的保水情况及时灌水，一般在春季桑树发芽前和夏伐后各灌水1次，秋季则应注意做好桑园排水工作，同时应加强桑园的施肥管理工作。按照桑树的生长规律，桑园施肥应分为春、夏、秋、冬4次。春肥应在3月中上旬结合灌水施入，以亩施碳酸氢铵80千克为主；夏肥则应在5月中上旬进行，亩施尿素40千克或者复合肥100千克；秋肥应在7月中旬进行，并结合锄草施入，亩施尿素40千克即可；冬肥是在桑树落叶进入休眠期结合桑园深翻

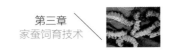

进行,主要是亩施1 000千克以上的农家肥,并及时做好桑园病虫害防治工作。

综上所述,桑园冬季管理期间,要及时、全面清除桑园及路边的枯叶和杂草,避免昆虫越冬寄生。为消除枯叶杂草中的大量越冬病原菌以及桑毛虫、红蜘蛛等害虫的蛹、卵等,减少来年春季桑树的害虫情况,可将桑树用石灰浆刷白。刷石灰浆不仅可以预防和控制害虫,而且能防止桑树受冻。

4.安排好劳动力

应根据当年计划的饲养量提前安排好劳动力,避免劳动力不够。

5.蚕室、蚕具及消耗物品的准备

养蚕前必须提前准备好当年养蚕所需的蚕室、养蚕用具及消耗物品等。

蚕室是家蚕生长发育的主要场所,不仅要满足家蚕生长所需的湿度、温度、光敏感度等条件,同时也要便于在养蚕过程中操作管理。蚕室应建立在地势高,排水和通风好,远离公路、农田和污染源的地方,并根据饲养数量确定蚕室的使用数量。施工结束后,要做好养蚕前的蚕房消毒工作。另外,根据家蚕的不同发育阶段,对养蚕的场地条件进行相应改善。在小蚕发育初期,要控制好养蚕场所的温度和湿度;在大蚕期,蚕病发病率高,要重点关注养蚕场所的温湿度和空气流通情况。

养蚕用具包括蚕匾、蚕架、蚕网、鹅毛、蚕筷、塑料薄膜、蔟具、黑布、拖鞋、干湿温度计、切桑机。蚕期消耗物品包括漂白粉、次氯酸钠、防僵粉、石灰等消毒防病物品(图3-1)。

(二) 做好消毒防病工作

我们在养蚕前必须做好消毒防病工作,对于家蚕来说"防重于治",

图3-1　养蚕时所需用具

因为家蚕的免疫系统的特殊性,一旦生病了基本治不好。要坚持"预防为主"的蚕病防治思想,要克服发现蚕病才防治的侥幸心理,注意切断一切可能的病原传播途径,发现病死及弱小蚕必须严格及时隔离淘汰,以防发生二次传染。常见蚕病与防治药剂的选择如下:

(1)病毒病。包括血液型脓病、中肠型脓病、病毒性软化病3种,在各龄期起蚕时各撒大蚕防病一号1次和每天给桑前撒新鲜石灰粉进行蚕体蚕座消毒。

(2)白僵病。用漂白粉、防僵粉、大蚕防病一号等进行蚕体蚕座消毒。

(3)细菌性败血症。养蚕前用福尔马林或漂白粉溶液对蚕室蚕具及周边环境进行严格消毒,并于发病前让蚕舔食氯霉素等抗生素加以预防。

1.消毒时间

养蚕前的消毒时间应在养蚕前1周进行。

2.消毒药品及对环境的要求

(1)石灰。对杀灭病毒有效,但不能杀灭真菌和细菌。蚕匾消毒,最好将其置于石灰浆消毒池中浸泡,保持湿润时间超过30分钟。

(2)甲醛类消毒剂。对病毒、真菌、细菌等都有杀灭作用,要求环境温度在24摄氏度以上。

（3）含氯消毒剂：对病毒、真菌、细菌等都有杀灭作用，消毒效果受环境温度影响不大。

3. 消毒方法

一般采用打扫→清洗→水剂药物消毒（含有效氯1%~2%漂白粉或次氯酸钠液，湿润30分钟）的方法，最后进行石灰喷洒蚕室或烟剂熏蒸。

4. 消毒防病的范围

包括所有的养蚕物品及场地：催青室、饲养室、贮桑室、蚕匾、蚕架、蚕网、蚕台、蔟具、采桑、给桑用具及蚕室周围场地。

三 消除病虫害隐患

桑蚕以桑叶为食，故确保桑叶质量是有效预防疾病的关键因素。要加强桑园病虫害防治，防止桑叶上的虫口病毒传播到家蚕，也要避免桑叶受农药和废气污染。

▶ 第二节　蚕种催青

一 催青

家蚕的催青工作是蚕种出库后的第一件事，春季催青时间总共约10天，夏秋季为8~9天。

催青：第1—4天，采用温度22摄氏度、干湿差3~4摄氏度保存；从第5天开始直至孵化，温度应维持在25~26摄氏度、干湿差2~3摄氏度，采用自然光；当蚕卵转青后进行黑暗保护（图3-2）。

换气调种：此项工作必须每天做1~2次，有利于蚕种呼吸和发育均

匀、齐一。

a.刚出库的蚕卵　　b.催青后的点青卵　　c.催青后的转青卵

d.点青蚕卵　　　　e.化乌蚕卵

图3-2　催青时蚕卵发育情况

二　补催青和领种

农户将蚕种领到蚕室按照催青标准温、湿度继续保护,直至孵化后补催青(温度维持在25.5摄氏度,干湿差保持在1.5~2摄氏度)。

领种时的注意事项:①防止蚕种遇到闷热、低温、日晒、雨淋及震动,尽量缩短途中时间;②严防不良气体,注意遮光保护;③春季低温时,选择中午高温时领种;④夏秋季高温时,早晚领种。

蚕种出库催青10天左右即可孵化收蚁。通知领种的当天,小蚕共育室的温度应提前加温至21摄氏度,干湿差为2摄氏度。当催青蚕种领回后,应进行补催青。方法:如系平附种,应把蚕种分批次、定量平铺在蚕匾里;若是散卵种,则先把盒子打开,分批次、定量倒入平摊在预先打湿的铺有白纸或防干纸的蚕匾上,摊开的纸要先用墨笔画一黑框,以防蚁蚕四处爬散。并在蚕卵上盖一防蝇网,以防卵粒滚动,在湿的蚕匾上再盖一块打湿拧干的黑布,继续遮光进行黑暗保护,室温由21摄氏度开始缓慢上升至26~28摄氏度为止,干湿差保持在1.5~2摄氏度,收蚁当天上午5时开始感光,8时左右即可收蚁,等到大部分蚁蚕活泼求食时即为收蚁的最佳时刻,即可收蚁(图3-3)。

图3-3 蚁蚕

▶ 第三节 小蚕饲养技术要点

俗话说得好,"养好小蚕一半收",小蚕养得好,体质强健,对不良环境和病原菌的抵抗力强,可以保证饲育头数和收茧量,是丰收的关键。

一 小蚕的生理特点

小蚕生长发育快,耐高温多湿,对病原物、有害药物抵抗力弱,就眠快、眠期短,同时具有明显的趋光、趋密性特点(图3-4)。

图3-4 小蚕趋光聚集

二 小蚕的饲养形式

小蚕期一般采用塑料薄膜覆盖育:采用无毒无臭的聚乙烯塑料薄膜并按2~3厘米的孔距打孔(孔径2毫米)。1~2龄期下垫上盖"全防干育",3龄期只盖不垫"半防干育"。每次给桑前30分钟揭开上盖的塑料薄膜进行换气、扩座、匀座、给桑。用过的塑料薄膜要及时洗干净,再用含1%有效氯的漂白粉液消毒、晾干备用。

三 实行小蚕共育

实行小蚕共育是养好小蚕的有效措施。统一饲养小蚕,3龄期或4龄期起蚕分发给蚕户。

实行小蚕共育的好处:有利于集中消毒和小蚕生长,防止蚕病发生,蚕体强健好养,确保稳产高产;有利于节省劳动力、房屋、燃料、桑叶及消毒药品等,降低成本;有利于栽桑养蚕技术的传播,增强蚕农规避风险的能力。

四 小蚕共育蚕室、蚕具的准备

小蚕共育室一般要求光线均匀,空气流通,春季能保温、保湿,夏秋能防热,易防蝇防鼠,水泥地面,墙面批灰,有天花板便于消毒和清洗。

1.小蚕共育的饲育形式

小蚕共育采用的是上盖下垫全防干育,眠中不盖。

全防干育的好处:不仅可以保温保湿,桑叶新鲜,确保蚕吃饱吃好、体质强健,而且节约用桑,同时也节省劳动力。

2.重视收蚁管理

春蚕期一般上午6时开灯感光,8~9时便可收蚁,最迟不要超过10

时。收蚁不宜过迟,防止蚁蚕过度饥饿,导致蚕体质下降;夏秋蚕上午5时感光,7~8时收蚁。收蚁用叶的叶色黄中带绿,叶片要适熟,老嫩一致,确保蚁蚕食桑均匀,发育齐一。

目前常用的收蚁方法有网收法(2只网,隔离卵壳及未孵化卵)与绵纸引蚁法两种。

小蚕共育的注意事项有以下三点:

(1)收蚁时,操作轻便,防止损伤蚕体和丢失健蚕。

(2)收蚁后第二次给桑前用防僵粉或防病一号进行蚕体消毒。

(3)每张蚕种只能收2批,未出的蚕种必须烧毁。

五 小蚕饲养技术要点

1.温湿度标准

小蚕生长发育适应较高的温湿度,随龄期增长,蚕对高温多湿的适应性逐渐降低。控制温湿度:1~2龄,26~28摄氏度,干湿差1~1.5摄氏度;3龄:25~26摄氏度,干湿差1.5~2摄氏度(表3-1)。

表3-1　小蚕期温湿度标准

龄期	温度(摄氏度)	湿度(%)
1~2龄	26~28	90~95
3龄	25~26	80~85

2.采桑和贮桑

小蚕期的采叶和贮桑情况要特别注意,小蚕期蚕体小,口器嫩,喂食的桑叶应适龄,饲食用叶宜适熟偏嫩,具体用叶标准见表3-2。

表3-2　小蚕期各龄用叶标准

龄期	叶色	叶位
收蚁	绿中带黄	第2~3位叶
1龄期	将转嫩绿色	第3~4位叶
2龄期	刚呈浓绿色	第4~5位叶
3龄期	浓绿色	止芯芽叶(三眼叶)

小蚕生长发育快,体重增长迅速,因此小蚕需选择水分较多、蛋白质丰富和碳水化合物适量的优质、适龄桑叶,以满足其迅速生长发育的需要。桑叶的采摘、贮藏要求如下:

(1)精选小蚕用叶。采摘适熟叶,做到老嫩、厚薄、颜色基本一致,不采雨水叶、虫口叶和过老过嫩叶,收蚁用叶为绿中带黄,1龄期用叶为即将转为嫩绿色的叶片,2龄期用叶为刚呈浓绿色的叶片,3龄期用叶为浓绿色的叶片。

(2)桑叶的采摘、运输。天气正常,早晚2次采叶,日间不采。早采:雾散露干时采,10时前须完成。夕采:下午4时采叶。阴雨天要抢在雨前采摘。干旱时选择早采,阴雨天选择晚采。桑叶采摘后的运输必须做到随采随运,不能受捂、发热,防止桑叶变质。

(3)桑叶贮藏。桑叶采摘后的贮存环境要求比较高,要保持低温、多湿、偏暗,不通风,这样可以减少桑叶的养分消耗,保持叶质新鲜,不变质,不受污染,贮桑时间一般不超过1天。

3.小蚕喂叶和切叶

小蚕1~2龄期食用的桑叶,采用切为蚕体长2倍见方的方块叶(图3-5);3龄期采用粗切条叶(图3-6)。每天给桑次数以3~4次为宜。

每顿喂叶时采用的方式是看蚕喂叶:蚕食桑量大便喂得多,蚕座里剩余桑叶较多,则喂叶时少喂;蚕少食期切小,盛食期偏大,减食期切小,便于眠期处理。

图3-5　小蚕用叶：方块叶　　　　　　　图3-6　小蚕用叶：条叶

4.扩座和除沙

小蚕生长迅速、移动范围小，对桑叶感知距离短，蚕体面积增长快，必须及时扩座、匀座，确保蚕食桑均匀、充分。每次给桑前必须及时扩座、匀座，特别是正交小蚕有趋光趋密性特点，注意匀座。过密，食桑不足；过稀，浪费桑叶，增加伏黄蚕。1龄期1匾，2龄期2匾。

除沙是一项非常重要的工作，是清洁蚕座的过程，可以防止蚕座蒸热发酵，保持养蚕环境干燥，防潮湿，防病菌蔓延，减少蚕座上病原的存在和传染。小蚕期基本给1次桑、扩1次座、匀1次蚕。1龄期，眠除1次；2龄期，起除、眠除各1次；3龄期，起除、中除、眠除各1次。

5.眠起处理

为了使眠中蚕座清洁干燥，减少病原，在蚕就眠前要加网除沙，加眠网要掌握适时，一般根据蚕的发育、体形体色、食桑行动的变化来决定。

（1）适时加眠网。一般根据蚕的发育、体形体色、食桑行动的变化来决定。加眠网的时机：1龄期蚕体呈炒米色，体皮开始紧张发亮，粘有蚕沙，体躯缩短（2足天）；2龄期蚕体呈乳白色，体躯肥短，有蚕驮蚕现象，半数蚕体紧张发亮，行动呆滞（30~36小时）；3龄期蚕体转乳白色，体躯肥短，体皮紧张发亮，有个别蚕将眠时（2足天）。

（2）饱食就眠。眠除后，食欲减退，仍须看蚕给桑，用桑新鲜良好，切桑要小，确保蚕饱食就眠，防止饿眠。

（3）及时提青分批。绝大部分蚕就眠后，用焦糠、石灰粉及时止桑（若提青分批，淘汰弱小蚕）。当蚕就眠不齐时，必须提青分批，提青的时间需要掌握得当，得适期，应该是加眠网的第二天早晨加提青网，2小时左右青头爬上提青网，提起青头合并。

（4）加强眠中保护。眠中时间是止桑到饷食前，眠中时间1~2龄期为20~22小时，3龄期约为24小时。加强眠中保护，减少眠蚕体力消耗：眠中降低温度0.5~1摄氏度，干湿差2摄氏度；眠中前期注意干燥，后期适当补湿，以利蜕皮。

（5）适时饷食。当蚕头部摆动，呈求食状态时可饷食，注意宁迟勿早；饷食过迟会导致起蚕到处乱爬，消耗体力、影响体质；由于未饷食的蚕口器较嫩，饷食过早会导致蚕口器受损，造成食欲不旺，易引起发育不齐。饷食用叶，宜新鲜、适熟、偏嫩。

（6）控制日眠。蚕在上午催眠、下午2~5时就眠的称为日眠，而在晚上10时以后蚕不易就眠。日眠蚕发育整齐、易于饲养，而没有日眠的蚕一般发育不整齐、不易饲养。因此，在饲养中要根据蚕发育快慢，适当降低或提高饲育温度、控制蚕的生长速度，从而达到控制日眠的目的。为了达到日眠的目的，收蚁时间应控制在上午8~10时进行；2~3龄期饷食时间尽量控制在下午3~5时，当龄蚕容易日眠；饲育温度控制在适宜生长发育的温度即可。

（六）小蚕防病卫生注意事项

在小蚕期要需特别注意防病卫生工作，在实际操作中有以下几点注意事项：

（1）蚕在小蚕期对病菌的抵抗力较弱，若在大蚕期暴发蚕病，往往是由于在小蚕期感染病菌而致，所以，在养蚕前和养蚕期间一定要充分做

好防病、卫生工作。

（2）收蚁时及各龄起蚕必须用小蚕防病一号进行蚕体消毒。

（3）蚕室使用的蚕具必须全部彻底消毒，而未经消毒的蚕具，不得拿进蚕室使用。

（4）养蚕期间使用过的蚕匾、蚕网、垫纸等养蚕用具，必须经过消毒、晒过才可再次投入使用。

（5）贮桑室也需要经常用漂白粉进行消毒。

▶ 第四节　大蚕饲养及上蔟技术要点

由于目前养蚕模式已向多元化转变，在实行多批次养蚕后，蚕农在大蚕饲养过程中要付出比以前常规模式更多的精力和劳动力。大蚕饲养已成功向机械化、规模化转变，这就需要采取科学的饲养管理模式，以充分保证蚕饱食良桑，养蚕前和养蚕期间的消毒防病工作亦要做到全面、彻底，蚕室的温湿度调控要遵循"小蚕靠火，大蚕靠风"的饲养方式。只有充分做到以上这些要求，才能实现蚕茧的稳产高产。所以，大蚕的科学饲养管理，是规模化多批次养蚕成功的关键所在。

下面介绍下大蚕的饲养技术及上蔟工作。

养好大蚕，首先必须要做好养蚕前、养蚕期间和回山的消毒防病工作，各龄期起蚕时都必须用药物对蚕体和蚕座进行充分、彻底的消毒。具体做法：1~3龄期的小蚕使用小蚕防病一号喷洒，4~5龄期的大蚕用大蚕防病一号喷洒，其中3~5龄期蚕在饷食后每天都可以在蚕座上喷撒一层新鲜石灰粉或防病一号，均可起到消毒杀菌和排湿的双重效果。

一 大蚕的生理特点

蚕在大蚕期和小蚕期的生理特点明显不同,具体有以下几点:

(1)大蚕期食桑量大。大蚕期食桑量约占整个蚕期的90%,其中5龄期的食桑量更是占到摄食总量的80%。

(2)大蚕对高温、多湿环境敏感。大蚕体表蜡质增厚,食下水分多而且不易从其体壁、气门发散,而且大蚕的呼吸量大。

(3)大蚕期容易暴发蚕病。养蚕前消毒不彻底,在小蚕期感染的病原体积累至大蚕期暴发,病蚕尸体或排泄物的病原体扩散又易产生二次感染等,从而导致大蚕期特别容易暴发蚕病。

二 大蚕的饲养形式及优缺点

目前常用的大蚕饲养形式有四种,蚕匾育、蚕台育、地蚕育和大棚育。这四种饲育形式各有优缺点:

(1)蚕匾育。用蚕匾养蚕,养蚕期间工作量大、投资大,耗费人力、财力,但是蚕室空间利用率高(图3-7)。

(2)蚕台育。用蚕台养蚕,养蚕期间给桑操作方便,工作效率高,同时便于熟蚕自动上蔟且制作成本低(图3-8)。

图3-7 蚕匾育　　　　　　　　　图3-8 蚕台育

（3）地蚕育。地蚕育的养蚕成本低，饲养方便，但地面温度比上层低1~2摄氏度，而且地面多湿，特别是在长江中下游地区6、7月份的梅雨季节，地面特别潮湿，所以采用地蚕育必须加强通风排湿和及时加温（图3-9）。

（4）大棚育。大棚育是目前养蚕大户或专业户采用的相对较多的一种养蚕模式，其费用相当低廉、操作空间大、方便，便于养蚕自动化设备的投入使用，若遇到高温或昼夜温差大的季节，则需注意加强通风排湿和加温（图3-10）。

图3-9　地蚕育　　　　　　　　　　图3-10　大棚育

地蚕育或室外塑料大棚育的注意事项：在养蚕消毒前，必须先铲除10厘米左右地面表土再进行消毒处理；消毒后，在地面先喷撒一层氯丹粉，再撒一层新鲜石灰粉。蚕期每天需喷撒一次新鲜石灰。在4龄期第2天和5龄期第2、4、6天中午添食或体喷1次灭蚕蝇，以防蝇蛆为害。

以上几种养蚕饲育形式目前都使用得比较普遍，具体采用哪种饲育形式可根据蚕户家的实际情况，随机结合，在房屋或大棚内实施均可。随着养蚕规模的不断扩大，养蚕大棚由于建设费用相当低廉、操作空间大、适合机械化等优点，逐渐在家蚕饲养，特别是大蚕饲养时占主导地位。

三 大蚕饲养技术要点及注意事项

1.桑叶采摘、运输和储藏

蚕养得行不行,首先得看吃的桑叶好不好。加强桑园管理,桑叶的采摘、运输和储藏是保障桑叶质量的必要条件。采摘时要注意采摘各龄期的适熟叶,运输必须及时、松装不紧压,储藏桑叶的条件也要适宜(表3-3)。

表3-3 桑叶采摘、运输、贮藏要点及注意事项

项目	春季蚕期	夏、秋季蚕期
桑叶采摘	4龄期优先用三眼叶,5龄期开始伐条采叶	大蚕期一直使用片叶,注意淘汰虫眼叶、枯叶
桑叶运输	早、晚随采随运,松装快运	早、晚随采随运,松装快运
桑叶储藏	低温、通风储藏,条桑较重忌长时间堆积、发热	低温,注意保湿,避免桑叶失水干枯

2.大蚕期给桑、扩座和除沙

(1)大蚕期给桑。此期给桑,既要确保蚕充分饱食以发挥其经济性状,又要考虑成本、节约用桑,以提高单位用桑量的经济效益。

大蚕的给桑量:既要节约成本、控制给桑,又要保证蚕饱食良桑。

大蚕的给桑时机:大蚕的给桑时机需要严格掌握,这样可以控制成本,一般在桑叶还剩10%左右再给桑最为经济。

大蚕的给桑方法:每顿匀座后均匀给桑,确保蚕食桑均匀。

大蚕一般采用条桑饲育,春蚕期蚕在4龄期时尽量先用三眼叶,5龄期开始伐条采叶喂蚕,做到随采随运,松装快运,低温贮叶。大棚(地蚕)饲养以条桑育为宜,这样可节省人力、时间。

目前,大棚内养蚕或地蚕育,基本在大蚕进棚给第2次桑叶后,即可

采用条桑育,每日给桑3回。给桑要超前给足桑叶,一般掌握有10%左右残桑时,给下一回桑。

(2)大蚕期扩座。大蚕期蚕体发育快,食桑急,为了防止蚕头过密、食桑不足、蚕发育不齐、相互拥挤、互相抓伤、增加蚕病感染机会等情况出现,必须及时扩座,扩大蚕座面积。

(3)大蚕期除沙。采用蚕匾育或蚕台育饲养家蚕,必须每天除沙1次。采用地蚕和塑料大棚育的一般不除沙,每天喷撒新鲜石灰1次,保持蚕座干燥,防止蚕座湿热。

3.大蚕期饲育环境要求

俗话说得好,"小蚕靠烘,大蚕靠风",小蚕期注意保温,而大蚕期则要注意通风排湿。饲养大蚕时,蚕室温度比小蚕饲育温度低,通常在自然条件下饲养即可。饲育温度一般保持在24摄氏度,湿度在70%左右,具体数据见表3-4。

表3-4　大蚕期饲育温湿度要求

龄期	饲育温度(摄氏度)	饲育湿度(%)
4龄期	24~25	70~75
5龄期	23~24	65~70

春季和晚秋养蚕时注意适当加温,大蚕期温度不能低于20摄氏度,否则会延长龄期,导致蚕发育不齐。如果遇到高温多湿天气,室内容易闷热,空气污浊,导致蚕沙蒸热,蚕体温升高、抵抗力下降,容易诱发蚕病,所以大蚕期必须注意加强通风换气,改善蚕的生长环境。

4.大蚕期的温湿度调节

大棚内养蚕要特别注意温湿度调节工作,春蚕期棚内昼夜温差大,仅中午高温,但高温时间不长,只要注意通风,春季的高温对蚕的生长影响并不大;中晚秋早晚气温较低,中午温度较高,上午9时后应及时揭开

薄膜通风、换气,覆盖遮阳网,这样有利于降低大棚内的温度。值得注意的是,必须在下午4时前后,把大棚两边揭开的塑料薄膜及时放下,以做好早晚的保温工作。夏秋蚕遇极端高温,可采用棚顶喷水降温的办法,从上午9时起,每隔1小时喷水一次,至下午3时左右停止。

大棚内养蚕,晴天一般揭开大棚两侧薄膜,通风换气,晚上放下薄膜,温度较高时,昼夜通风,可达到降温效果;雨天或夜间棚内温度低时,适当放下大棚两边遮阳网,既通风换气又保湿。同时可在大棚四周栽种树木或藤蔓植物遮阳,也有利于达到降低棚内温度的效果。采用地蚕育时,注意打开门窗通风换气。

大棚的湿度一般情况下不需要特别处理,但若遇到梅雨季节的连续阴雨天或雨季应及时加强排湿工作,通过四周开沟铺地膜,加强通风,多撒干燥材料等措施来控制湿度。

5.大蚕眠起处理及注意事项

大蚕眠起时间长,蜕皮不齐,加眠网应适当偏迟;加眠网后改用片叶喂蚕,见眠后改用切叶饲养;并根据蚕的就眠情况,决定提青分批或是合并。

大蚕止桑时,应捡拾迟眠蚕,淘汰弱小蚕和病蚕,扔入石灰盆中。眠中应注意防止高温天气。5龄期饲食用叶应适熟、偏嫩、新鲜,给桑量应适当减少,避免过分饱食而损伤蚕的口器及消化器官。

6.大蚕期的蚕病预防

5龄期起蚕时用大蚕防病一号喷洒蚕座,同时蚕座需每天喷撒1次生石灰粉,以隔离蚕沙及病原物。迟眠蚕必须隔离饲养,弱小蚕必须淘汰。病死蚕投入石灰盆消毒,对于细菌病及病毒病蚕必须挖深坑加石灰深埋;僵蚕应烧掉,以杀灭或隔绝病原物。

7. 预防蚕中毒

大蚕期要严防蚕中毒。家蚕中毒与其他疾病有时会呈现类似体征，均会造成大量蚕不吐丝结茧，有的甚至会死亡。家蚕中毒可分为烟草中毒、农药中毒和废气中毒等。其中，烟草和废气中毒可通过人为控制，如做好烟区和工厂废气污染等控制工作，或远离污染源头即可有效降低家蚕中毒发生率。家蚕农药中毒损失最严重，也最为常见，目前主要是有机磷类农药中毒，如辛硫磷中毒、乐果中毒等。中毒蚕不再食桑，开始摆头吐液，不停滚动，少数出现脱肛。一旦发生家蚕中毒，应立即通风、除沙，大蚕用干净水冲洗，并换采新的桑叶喂食；使用1千克冷开水稀释0.5毫克阿托品，均匀喷洒于新叶和蚕体上。另外，也存在其他农药中毒现象，例如有机氮农药中毒，包括杀虫脒、杀虫双等中毒，家蚕中毒后呈现兴奋、乱爬、吐乱丝和麻痹瘫痪、不吃不动两种截然不同的状态。家蚕如遇到有机氮农药中毒应立即通风、除沙、换新叶。

为达到有效地防止农药中毒现象，必须对重点蚕区加大宣传力度，促使蚕农牢记自家一定不要使用有机磷类农药和有机氮农药，不使用含苏云金芽孢杆菌、病毒等的生物农药，谨慎使用菊酯类农药。为达到控制其他有害生物的目的，应使用特殊的药物和设备。避免农药中毒最重要的还是做好预防工作，桑园必须远离农田，若实在没办法远离，则应和周围农户商量好农药使用时间，一定要与养蚕时期分隔开来，否则会导致蚕中毒。

8. 大蚕期注意事项

大蚕期的相关注意事项和小蚕期不同，需要特别注意以下几点：

（1）防止农药中毒现象的发生，必须以预防为主，防重于治。首先是桑园布局，必须规划合理。其次一定要做好桑园周边农户用药、打药的时间、种类的协调工作，以确保养蚕期间安全，防止接触感染，对于新采

桑叶要先试毒。

（2）及时扩座，防止蚕头过密。蚕头过密，容易造成蚕食桑不足、发育不齐、相互拥挤、互相抓伤，进而增加蚕病感染机会。

（3）移蚕处理。移蚕前先把地面平整好、踏实，清除虫害及杂草，再用消特灵严格消毒，然后在地面上撒一层新鲜石灰，再铺上桑叶，蚕头密度不宜过密。

（4）适时进棚（地铺）。4龄期或5龄期第2天进棚（地铺）。如饷食即进棚（地铺），由于起蚕对环境抵抗力差，易引发蚕病。

四 蔟中管理及注意事项

1.上蔟准备

上蔟是养蚕后期的重要工序，是蚕茧丰收丰产的重要一环。蚕茧丝质的解舒、净度等指标，取决于这一阶段的技术处理。

丝茧育掌握在有10%熟蚕时改用片叶，喷洒蜕皮激素为宜。

（1）蔟室条件：蔟室必须通风干燥，确保上蔟面积比蚕座面积扩大1倍。

（2）蔟具准备：应备齐足够的便于熟蚕营茧、有利于提高上茧率和蚕茧解舒的蔟具。上蔟不能过密，尤其是阴雨天，蔟中严防闷热和关门上蔟。上蔟后加强通风排湿，蔟室温度以23~25摄氏度为宜。建议上蔟第3~4天，将蔟掀起，悬挂待采，有利于提高茧质。

（3）蔟具的种类及性能特点：目前使用的蔟具主要是蜈蚣蔟、竹签蔟、塑料折蔟、方格蔟等。江苏蚕业研究所的统计分析结果表明，方格蔟是蚕茧丝质成绩最优异的蔟具（表3-5）。

表3-5　使用不同蔟具的蚕茧丝质成绩

蔟具	上茧率（指数）	鲜毛茧出丝率（指数）	解舒率（指数）
方格蔟	119	133	110
塑料折蔟	108	117	112
蜈蚣蔟（蔟枝33厘米）	100	100	100

蜈蚣蔟（草龙）：稀上为宜，上吊蔟或高山蔟，1个养蚕面积需1.5~2倍的面积上蔟，成本低廉，但用蜈蚣蔟上蔟后，次下茧多。

塑料折蔟：成本低，上蔟简便，节省劳动力，但吸湿性能极差。

方格蔟：蔟中通风，少翻动，成本高。

目前，优质的蚕茧越来越受人欢迎，方格蔟的使用也就越来越普遍，当蚕座内有10%的熟蚕时，喷洒蜕皮激素后，先给少量桑叶，然后铺上2层网，确保蚕沙不会污染方格蔟上的蚕茧，再把捆扎好的方格蔟平放在蚕座上，让熟蚕自动上蔟。

2.上蔟处理

（1）确保上蔟密度合理。在充分利用蔟具空间的基础上，合理的上蔟密度可以大幅提高茧质成绩。

（2）确保蚕适时上蔟。过早或过迟上蔟，对蚕茧的质和量均有不利影响，过早上蔟，蚕还没有完全排便，上蔟后游走时间较长，污染蔟具；过迟上蔟，蚕已经老熟完全，在找寻合适结茧位置时，边找边吐丝，过度浪费茧丝。

大棚内温度高，蚕食桑快，老熟快，要提早准备好蔟具。在见熟前一天改喂片叶，同时，用灭蚕蝇体喷1次，老熟10%后使用蜕皮激素添食，添食叶粗切，薄喂1层。经12~13小时后放蔟具进行自然上蔟，用方格蔟上蔟，应该在大棚内侧下部放一排草龙，以避免熟蚕爬上大棚。放蔟具前

应撒一层新鲜石灰粉消毒,再喂1次片叶。当熟蚕爬上一定头数后,按照先放先提的顺序,把方格蔟提起挂到棚内预先搭好的竹竿上,相邻2个方格蔟之间的距离不少于10厘米。上蔟采用自动上蔟与人工上蔟相结合的办法,尽量提高熟蚕的入孔率,上蔟后每隔5~6小时上下翻动蔟架1次,在蚕营茧24小时后将还没有找到结茧位置的浮蚕捡出,另行上蔟。

注意避免过熟上蔟,同时还要注意遮光,以避免过熟或光线过强而造成损失;为保证蚕茧有好的解舒,蔟中应注意通风,严防环境闷热导致蚕不结茧。

3.蔟中保护

蚕老熟上蔟后,蔟中需要注意的环境因素有四点:①蔟中温度;②蔟中湿度;③气流;④光线。

蔟中温度最好控制在(24±1.5)摄氏度;蔟中湿度不宜大于80%;蔟室应通风良好,但要避免强风直吹;蔟室光线应保持均匀且柔和。

（五）家蚕饲养注意事项

（1）蚕种进行合理催青保护:蚕种采用标准温湿度进行保护,避免接触高温。领种途中禁止闷热、日光照射、风吹雨淋,避免接触有害气体和农药、化肥;适时收蚁。

（2）养蚕前、蚕期、养蚕结束后一定要做好消毒防病工作。

（3）加强蚕期饲养管理,切断传染途径。确保蚕良桑饱食,及时进行扩座匀座;加强通风换气、排湿;做好蚕的眠起处理,控制日眠。

（4）上蔟稀上为宜,蔟中保持干燥,通风。

（5）加强桑园管理,提高叶质。

（6）适时采茧,禁采毛脚茧:采茧过早会明显降低原料茧的品质。

（7）回山消毒可以防止家蚕病原物扩散、遗留,是下一季蚕期丰收的

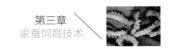

保障和前提。当一季蚕期结束后,对所有用过的蚕室、蚕具、蔟室、蔟具进行全面彻底的打扫、清洗、日晒、消毒;用过的草笼立即烧毁,方格蔟过火烧去浮丝并消毒。而对于发过病的蚕室,消毒需要更加严格,蚕室、蚕具一定要彻底消毒干净后才可再次使用。

(六) 家蚕饲养总结

我们在实际饲养中,不断总结经验,现将家蚕饲养标准进行归纳总结,整理成家蚕丝茧饲育标准表,详细内容见表3-6。

表3-6 家蚕丝茧饲育标准

龄期	饲育形式	饲育温度（摄氏度）	干湿差（摄氏度）	饲育湿度（%）	除沙次数	切桑大小	换气次数,环境调节	给桑回数	用桑比例(%)	张种最大蚕座面积
1	全防干育	27~28	1~2	90~95	眠除1次	方块叶0.5平方厘米	每次给桑前半小时通风换气	三回育：7:30,14:30,22:30	0.50	0.7平方米（1匾）
2	全防干育	27~28	1~2	90~95	起、眠各除1次	方块叶1~1.5平方厘米	每次给桑前半小时通风换气	三回育：7:30,14:30,22:30	1.00	1.56平方米（3~4匾）
3	全防干育	25~26	1~2	80~85	起、中、眠各除1次	粗切叶	每次给桑前半小时通风换气	三回育：7:30,14:30,22:30	3.50	3.89平方米（6匾）
4	普通育	24~25	2.5	70~75	起、眠各除1次,中除1~2次	片叶	在适温范围内,经常开放门窗,加强通风排湿	三回育：7:30,14:30,22:30	11	13.3平方米（14~16匾）
5	普通育	23~24	3	60~70	起除1次,中除每天1次	片叶或条桑		三回育：7:30,14:30,22:30	84	27.8平方米（35~40匾）

第四章 小蚕共育技术

▶ 第一节　小蚕共育技术的概念

家蚕小蚕共育是指把一定数量的家蚕在小蚕期集中饲养的一种管理模式和组织形式。由单位组织人员（联户）饲养小蚕或由蚕室设备齐全、具有相应桑园面积、饲养技术过硬的养蚕户（专业户）统一饲养小蚕，饲养至3龄期饷食或4龄期饷食第二次给桑后再分发给所有养蚕户饲养大蚕的一种省力化养蚕法。

小蚕共育技术具有以下四点优势：一是有利于实现科学养蚕，采用先进、规范的养蚕技术，促进小蚕发育整齐，体质强健，为大蚕饲养提供保证，为蚕茧高产、稳产打下基础；二是有利于集中消毒、防病和小蚕的生长齐一，小蚕共育室可以做到统一管理，对蚕室、蚕具能够全面消毒，严格防病，减少小蚕感染病原的机会，可有效控制蚕病的发生，使得蚕体强健好养，确保家蚕稳产、高产；三是有利于提高养蚕时的工效，节省劳动力、用具、房屋、燃料、桑叶及养蚕时所需的消毒药品等，降低养蚕成本，增加蚕农收入，提高经济效益；四是有利于栽桑养蚕规范技术知识的传播，增强蚕农规避风险的能力（图4-1）。

图 4-1　小蚕共育

▶ 第二节　小蚕共育时的蚕室、蚕具准备

小蚕共育室一般要求光线均匀,春季能保温、保湿,夏秋季容易防热,空气流通,易防蝇防鼠,水泥地面,墙面批灰,有天花板便于蚕室的消毒和清洗。

每共育10张蚕种需蚕房面积10~15平方米,蚕匾80个(每个面积0.7平方米,可共育蚕至4龄饷食),以及相配套的蚕架、蚕网、蚕筷、切桑板、刀具等养蚕用具;另外还需要准备约5千克的漂白粉、1盒氯霉素、1包小蚕防病一号、20千克石灰等家蚕消毒防病用品及蚕药。

▶ 第三节　小蚕共育技术要点

一　环境及蚕室蚕具的消毒

为避免共育小蚕感染病原菌,必须做好小蚕共育室内外环境及共育

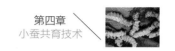

蚕具的准备、清洗、消毒工作。一般在养蚕前1周左右(如在共育室催青,宜在出库前5~7天)进行共育室内外及蚕具的消毒工作。消毒工作开始前首先应清理好小蚕共育室内部和周围大环境,铲除周围杂草,疏通水沟,将共育室内彻底打扫干净,再清洗蚕具,待室内及蚕具晾干后再用含有效氯1%的漂白粉溶液对蚕室、蚕具及周围环境进行喷洒、消毒,并保持湿润30分钟以上。

养蚕前的消毒工作一定要做到全面彻底,消毒后要注意将蚕匾等共育蚕具晾干,待养蚕时使用。

二 蚕种补催青

为确保共育的小蚕发育齐一、蚕体强健,必须做好补催青工作。当共育户将蚕种领回后,小蚕共育室仍需按照催青标准温度(25.5摄氏度)、湿度(85%,干湿差1.5~2摄氏度)继续保护进行补催青。低温时一定要注意加温至目的温度,催青后期注意补湿。蚕种见点后全黑暗保护2天,收蚁当天早晨5—6时感光,促使孵化齐一。为使分蚕均匀量足,包种时就必须注意,每张1包或每张分2包或自用收蚁纸包好后再用黑布集中包起来。

三 收蚁

收蚁当天于早晨5—6时将包好的蚕种均匀摊开在消毒好的蚕匾上,并开灯感光。感光后3小时,也就是8—9时即可收蚁,最迟不能超过10时,以免蚁蚕过度饥饿。收蚁时应均匀分区,保证分蚕时蚕足量,每匾蚕头数均衡,收蚁用叶要适熟,保持老嫩一致,确保蚕发育齐一。收蚁后先撒小蚕防病一号再给叶,也可在给第二回给桑前撒下防病一号进行蚕体消毒。

四 采叶时刻

采摘小蚕桑叶对天气要求比较严苛,如是正常天气,一般选择早上和傍晚采叶,避开中午采叶,早上须等露水干后再进行采叶(切忌采露水叶),下午于5时后采叶;如遇阴天、温度不高时,中午也可采叶;若遇干旱天气,尽量早上多采,下午少采,以使桑叶含水率基本上可以满足小蚕的生长要求;遇阴雨天气,应争取在雨前多采,尽量不采雨水叶。

五 小蚕用叶标准

小蚕的用叶标准也必须特别注意,每顿用叶需保持老嫩一致,确保蚕食桑均匀、一致,若食桑不均,可能会导致蚕发育不齐。1龄期小蚕用叶:叶色黄中带绿,叶位最大叶以上2~3片叶。2龄期小蚕用叶:颜色绿中带黄,最大叶以上第一片叶。3龄期小蚕用叶:成熟叶,绿色。

六 温湿度调节

小蚕饲养采用塑料薄膜防干育,1~2龄期上盖下垫全防干育,温度27~28摄氏度,湿度90%~95%;3龄期只盖不垫半防干育,温度25~26摄氏度,湿度80%~85%。小蚕期要特别注意温度,确保饲养温度不能低于25摄氏度。

七 眠起处理

小蚕进入减食期后,要及时加眠网进行眠除,眠前掌握好给桑量,这样既能使蚕饱食就眠,又不使眠座残桑过多而造成湿冷以致影响入眠。眠中温度比食中降低0.5摄氏度左右。未蜕皮前宜干燥些,湿度略偏低,蚕开始蜕皮后注意补湿;当95%以上小蚕蜕皮完成,部分蚕已蜕皮4~5小

时为饲食适时,应及时饲食,以免蚕过度饥饿;饲食前要喷撒防病一号或新鲜石灰进行蚕体蚕座消毒;饲食给桑量宜少勿多,叶质适熟偏嫩,以防损伤口器。

八 控制日眠

要想蚕各龄期发育齐一,就必须控制日眠,防止夜眠。小蚕各龄期在中午初见眠蚕,至傍晚眠齐,称为日眠。蚕日眠具有就眠快齐、操作方便、遗失蚕少等优点。一般春蚕控制在10天3眠,夏秋蚕控制在9天3眠。要控制小蚕各龄日眠可采取以下技术措施:首先控制好每个龄期饲养的最适温、湿度,掌握收蚁时间(尽量控制在上午8~9时,最迟不超过10时)以及饲食时间(控制在下午3~5时);其次选用新鲜的适龄适熟偏嫩、老嫩一致的桑叶喂蚕,一般能达到每眠均是日眠的目的。

九 均匀分匾

为了大蚕期分蚕公平公正,养蚕过程要做到分匾均匀。除收蚁时按张分匾饲养外,每次分匾也要力求做到均匀一致,一般每匾蚕加网时同时加2张网,把蚕均匀地一分为二。分批收蚁的可分批发蚕。

▶ 第四节　小蚕共育时的蚕期消毒防病

小蚕共育时,一定要做好饲养过程的消毒防病工作,必须注意以下几点:

(1)养蚕人员进入蚕室必须要洗手、换鞋,在采叶、给桑前和除沙后均要洗手。

（2）共育室内禁止使用未消毒的蚕具，同时须做到蚕具不交叉使用、专室专用。

（3）谢绝非共育人员进入蚕室，以防止将病原菌带入室内。

（4）蚕期若发现有病蚕、弱蚕、特小蚕、迟眠蚕均要严格淘汰，淘汰的病弱蚕必须投入石灰缸中，不能随便丢弃或用来饲喂家禽等；对病死蚕应进行深埋或烧毁处理；蚕沙不能随意堆放，要集中处理，必须沤熟再用作肥料。

（5）每批共育小蚕结束，对蚕室进行彻底打扫、清理，并严格进行"回山消毒"。

第五章 小蚕人工饲料育技术

▶ 第一节 小蚕人工饲料育技术的概念

小蚕人工饲料育是用人工饲料代替传统桑叶养殖家蚕的一种批量人工养殖方式。小蚕人工饲料育技术是根据家蚕的食性和营养需要,人为用适当原料按照一定比例配制成小蚕养殖的饲料,用于代替桑叶来饲喂小蚕,使得用人工饲料育的小蚕的发育和正常桑叶育基本一致,但其用工、用料只需要桑叶育的1/4左右。

小蚕人工饲料育具有桑叶养蚕所不具备的优势,所有人工饲料的制作、饲养等操作皆可在室内进行,不会受到天气、季节的变化等影响;可有效防止小蚕期蚕病感染,抵御小蚕共育中毒风险等;节省小蚕期饲养用叶,有利于降低桑叶使用量,也有利于养蚕时间和劳动力的安排,降低劳动力成本,提高蚕茧产量与质量。因此,小蚕人工饲料育不仅有利于减轻劳动强度,实行分批饲养,提高劳动生产效率和蚕室具等的利用率,而且有利于推进以人工饲料育技术为基础的现代养蚕技术体系的构建,促进蚕桑产业转型升级。

第二节 小蚕人工饲料育的准备工作

一 小蚕人工饲料育的家蚕品种选择

选用小蚕人工饲料育方法时,家蚕品种应选择对人工饲料摄食性优良、群体生长发育整齐、能达到饲料饲养实用化要求的品种,如优食一号、菁松×皓月等。

二 小蚕人工饲料育设施和蚕具

采用小蚕人工饲料养蚕的蚕室应为专用蚕室,顶棚上有天花板,地下有水泥地面,墙壁四壁光滑清洁,便于清洗、消毒;具有配套的专用养蚕用具,一般为叠式蚕具或蚕匾;蚕室配备有完善的加温补湿及除湿设施。

备有人工饲料预处理所需的蒸笼、电蒸锅或蒸饭车以及其他必要的养蚕用具,如鹅毛、蚕筷、饲料加工器(或饲料切割机)、装料袋、盛料盆、蚕网、塑料薄膜、焦糠等。

三 小蚕人工饲料育消毒要求

小蚕人工饲育前要按饲育标准对蚕室、所有蚕具进行全面彻底消毒。蚕室打扫要严格、彻底,蚕具清洗要干净,消毒步骤要科学,消毒范围要全面,消毒后管理要认真。消毒药剂可选择广谱消毒剂,如漂白粉、次氯酸钠、优氯净石灰浆等,药液喷洒要均匀。

1. 小蚕人工饲育室日常消毒要求

用1%有效氯制剂对蚕室进行消毒,对蚕具熏蒸消毒。存放饲料的储藏室、冷却桌、冰箱、运输盘等,都要消毒。

饲育室安装紫外线灯或臭氧消毒器,每日早晚用紫外线消毒,每次约1小时;每日随补湿用含有效氯0.3%~0.5%漂白粉溶液消毒地面1次;蚕室门口放一块浸泡过含0.5%有效氯漂白粉溶液的地垫,用于消毒鞋底。

2.小蚕人工饲料育用具消毒要求

未经消毒的用具禁止带入室内,消毒后的用具不得拿出室外或挪作他用。使用过的塑料薄膜、蚕网、蚕筷、鹅毛等立即消毒后才能再次使用。

3.小蚕人工饲料育人员消毒要求

养蚕期间,养蚕人员进入蚕室必须更衣、换鞋、戴口罩,用洗手液洗手,戴一次性手套操作。严禁身体的任何部位直接接触预处理过的饲料。

▶ 第三节　小蚕人工饲料育的饲料要求

小蚕人工饲料育和桑叶育既有相同之处,又有本质区别。人工饲料有以下四点要求:

(1)小蚕人工饲料可以满足小蚕的营养需要。小蚕人工饲料中应含有小蚕生长所必需的营养成分,如各种氨基酸、碳水化合物、脂质、维生素、无机盐和水分等,并保持适当的含量比,从而满足小蚕生长发育的需要。

(2)小蚕人工饲料要符合蚕的食性。即小蚕人工饲料中应含有促使蚕积极摄食的物质,和桑叶无较大差异,同时无小蚕避忌的物质。

(3)小蚕人工饲料应具有适当的物理性状。小蚕人工饲料的硬度与添加的饲料成型剂的种类、饲料含水率有关,饲料过硬或过软均会影响

小蚕的摄食速度和摄食量。一般小蚕期的人工饲料含水率以75%左右为最佳,大蚕期饲料含水率以70%左右为宜。人工饲料为了便于切削喂饲,还不宜过黏,否则会导致蚕不食或蚕座湿度过大,影响其生长发育。

(4)小蚕人工饲料须不易腐败变质。配制时应加防腐剂和抗生素,如山梨酸、丙酸等。

人工饲料的配方有很多,有的含桑叶粉,有的不含。饲料的其他成分包括马铃薯粉、蔗糖或葡萄糖、大豆粉、柠檬酸、β-谷甾醇、维生素C、维生素B类、无机盐、纤维素等。

▶ 第四节 小蚕人工饲料育的环境要求

小蚕人工饲料育对环境卫生条件的要求比桑叶育高,这不仅是为了预防蚕病,更重要的是为了防止饲料变质,所以人工饲料育环境中要尽量减少微生物数量,确保环境卫生。人工饲料育最理想的是采用无菌技术饲育,但无菌饲育技术对养蚕设施要求特别高,绝大部分蚕室难以做到,所以在生产上,一般采用清洁育、半封闭饲育。采用人工饲料育技术的时候,养蚕前和养蚕期间的消毒防病和卫生管理工作要求则需特别严格。

此外,家蚕对人工饲料的摄食性比普通桑叶差,给饵的次数相对较少,饲料易干燥,小蚕饲养密度大,容易造成蚕发育不齐一,因此小蚕人工饲料育对蚕室的保温、保湿要求比较高,饲育的环境要求和气象要求与普通桑叶育有很大不同。

一 消毒方法

小蚕人工饲料育对蚕室、蚕具消毒防病工作的要求和桑叶育基本一致,应在养蚕前5天左右结束,要求蚕室及周围环境必须打扫彻底,蚕具清洗干净,药品搭配合理,消毒步骤科学,消毒范围全面,消毒后也必须严格管理,确保饲养用具和蚕室无菌,以防人工饲料霉坏、变质。

小蚕人工饲料育消毒步骤和桑叶饲料育的方法基本一致,具体分为5步:①打扫蚕室,清洗蚕具;②粉刷墙壁,浸泡蚕具;③蚕室消毒,喷雾处理;④地面处理及消毒;⑤熏烟消毒。蚕室、蚕具使用要防止污染,避免蚕座污染。

二 环境要求

人工饲料育的养蚕室尽可能采用封闭或半封闭结构,减少外界空气直接流入。蚕室消毒后,凡未经消毒的用具禁止带入室内,消毒后的用具不得拿出室外和挪作他用。使用过的蚕具要立即消毒后才可再次使用。养蚕室门前撒石灰,用于对进入人员的鞋底进行消毒;工作人员进入饲育室前要洗手消毒、更衣换鞋、佩戴消过毒的帽子与口罩,操作时要戴一次性塑料手套。同时,养蚕室应配备臭氧发生器,每20~30平方米的蚕室加装20~30瓦的紫外线灯管1根,每天开机、开灯一定时间进行空气消毒。

三 蚕室温度要求

据测定,在室温相同的情况下,人工饲料育家蚕的体温明显低于桑叶育的蚕,如果蚕室内有气流,则差异更大。所以进行小蚕人工饲料育时的温度必须较桑叶育高,小蚕期一般蚕室内温度要保证在28~30摄氏度,每一龄期基本比桑叶育高2摄氏度,这样可使蚕发育经过缩短、群体

发育齐一、体重增加。这是人工饲料育的一个显著特点,若低于25摄氏度则会造成蚕生长显著不良。

（四）蚕室湿度要求

小蚕人工饲料育的环境湿度不仅直接影响蚕的生理,而且关系到饲料中水分的蒸发。为防止饲料干燥,人工饲料育需要较高的湿度,相对湿度基本保持在85%~90%。小蚕人工饲料育采用专用塑料蚕箔进行半封闭饲育,蚕座内的相对湿度较高,有利于保持饲料水分。但如果封闭太严,蚕座内相对湿度达到100%时,也不利于小蚕的生长发育,并会显著增加死亡率。因此,需要在塑料蚕箔之间留有小孔、缝隙,以便透气和排湿。若湿度过低,则饲料含水率迅速下降,蚕的食下量也会随之减少。饲养中气流速度一般不宜超过10厘米/秒。眠中为适应蚕的生理要求和促使饷食齐一,湿度宜降低到65%左右,使剩余饲料尽快干燥,以防早蜕皮的蚕取食,导致发育不齐。眠中一般采取通风排湿、除湿机除湿等措施进行排湿、干燥。

（五）蚕室光线要求

一般杂交种蚕在小蚕期采用暗饲育,因为光照对饲料品质的保持不利,易引起饲料氧化变质,而且小蚕还会因趋光性爬散,不易饲养。

光线条件对蚕的眠性和化性的影响显著,这在饲养家蚕母种和原种人工饲料育时应特别注意。实验表明,在长光照和全明条件下,高温(28摄氏度)易出现三眠蚕,低温(22摄氏度)易发生五眠蚕。在8小时明、16小时暗饲育的条件下,蚕不发生眠性变化。在桑叶育条件下,蚕的化性变化主要受催青期的光线及温度的影响,但在人工饲料育中,幼虫期的光照时长是引起化性改变的主要因素。在短光照条件下全部产生滞育卵,在长光照和全明条件下则向非滞育卵方向转化。在一天的光周期中,即使总的明和暗时间相同,但如光线变化的频度高,则非滞育卵蛾发生率增加。每天暗饲育时间在16小时以上,可以抑制非滞育卵蛾的出现。

六 蚕室气流要求

气流不仅影响蚕室内的空气清新度,进而影响蚕的发育,更主要的是影响人工饲料的含水率。气流过大,饲料容易干燥,从而影响蚕的摄食,导致蚕体重减轻,发育不齐;但若完全没有气流,又会造成空气污浊,也会影响蚕的生长发育。饲养室内只能有微弱的气流,实际生产中,在1~3龄期蚕取食期间,随给料、倒匾进行换气即可,一般无须特意开门窗换气。大蚕期要适当通风换气,气流速度以10厘米/秒以下为宜;4龄期每天开门窗换气1~2次,每次15分钟;5龄期每天换气2~3次,每次20分钟左右。各龄眠期应降低空气湿度,需换气排湿。

七 调控技术

普通蚕室人工饲料养蚕,加温一般采用地火龙、地暖、空调、加温补湿器等方式,降温主要采用空调降温,补湿采取地面喷水、超声波补湿器等措施,排湿通过排气扇抽风、除湿机等实现。随着自动控制技术的发展,越来越多的饲育室采用物联网环境控制技术,对温度、湿度、光照、气流实现远程自动控制。

工厂化全龄人工饲料养蚕饲育室的环境控制需采用自动控制,温度、湿度、气流的调节,与空气净化送风系统结合,净化空气由送风机组经加热段或降温段调节到适宜温度,再经湿度调节段处理后送出,到达高效过滤风口,再经送风净化减压箱减小风速后送入房间,最后由回风窗、回风管道流回中效机组循环利用。新风补充量根据蚕的龄期确定,

通过新风补充口进入,可以提高中、高效过滤器的过滤效率,增加净化系统的使用寿命,也可节约能耗。

家蚕人工饲料育在饲料组成、营养价值、生产成本以及饲育技术体系等方面,还存在一些问题有待继续研究改进。

▶ 第五节　小蚕人工饲料育技术要点

小蚕人工饲料育根据饲养的蚕品种、龄期、给料形式和饲育环境要求不同等分为多种形式。人工饲料养蚕与桑叶养蚕相比,除了对消毒防病和蚕室环境要求较高之外,饲育方法与桑叶育也有很大区别,最大的特点在于喂蚕次数少、饲养密度较大,虽可以提高工效,但蚕对人工饲料的适应性比桑叶差,给饵次数越少越容易造成发育不齐;人工饲料饲养的龄期越长,难度越大,要求越高;原种人工饲料育的要求比杂交种要求高。在饲养操作方面,掌握好饲食、止饵的时机,做好眠期处理工作,对提高发育整齐度至关重要。此外,采用人工饲料育的蚕的抗病性较差,特别是对病毒病的抵抗力差,在小蚕人工饲料育转变为桑叶育,以及全龄人工饲料育过程中,要特别注意预防脓病。

1~2龄期或1~3龄期采用人工饲料育,3~5龄期或4~5龄期采用桑叶育,这种饲育形式比较成熟,在日本曾经在生产上大面积推广,中国也进行了很多实验示范,只要用适宜的饲料饲养通性蚕品种,可在产茧量、茧丝质量等方面基本接近或达到全龄桑叶育水平。

人工饲料育的形式有多种,具体的饲养方法各有所不同,饲育的目的和规模也不同,所以针对不同的饲养模式,家蚕人工饲料的处理也是不同的。

一 小蚕人工饲料预处理

小蚕人工饲料制作成湿体饲料,其调制过程主要包括以下程序:粉料称量→定量加水→搅拌混匀→装袋蒸煮→冷却→贮藏,大规模调制人工饲料需配备饲料调制机械,如加水搅拌机、蒸煮机及成型包装机等。

一般在小蚕收蚁用料前1~2天进行,喂蚕时将混体饲料切成条状料块,料块的大小因龄期不同而异。若采用饲料养蚕机饲育,则无须切条。

1. 小蚕人工饲料预处理时间

1~2龄期蚕所用的饲料一般于收蚁前进行预处理,3龄期蚕所用的饲料一般于2眠的眠期进行预处理。

2. 小蚕人工饲料调制封装

配制的粉体干饲料加水约1.7倍,混合均匀后装入保鲜袋内。保鲜袋规格为30厘米×38厘米,每袋装3千克,厚度1.5~2.5厘米,擀平后封口。

3. 小蚕人工饲料灭菌成形

采用蒸笼、电蒸锅或蒸饭车蒸煮45分钟后取出,自然冷却,在即将到达常温时再擀压一遍。

4. 预处理后的保管与使用

预处理后的饲料如暂不使用,常温下可放置3~5天,最好放入冰箱冷藏室内(5摄氏度左右)冷藏保存,可保存10~15天,使用时先取出恢复到常温即可使用。

二 收蚁方法

收蚁当天早晨4—5时感光,6—8时开始收蚁。收蚁方法主要有以下两种:

1.收蚁袋法收蚁

家蚕人工饲料育在收蚁的时候,需要先撕开收蚁袋,将有蚁蚕的一面放置在人工饲料上,待蚁蚕基本全部自行爬到人工饲料上后,将剩余的连同粘有卵壳的少量蚁蚕,用蚕筷打落到饲料上。

2.纸包法收蚁

将纸包打开,将有蚁蚕的一面朝上平放,撒上饲料即可。

三 给饵方法

在普通蚕室中饲养时,为减少饲料污染,防止饲料干燥,1~3龄期宜采用半封闭饲育法,即用塑料蚕匾叠放饲养,每摞蚕座四周用塑料薄膜包裹,保留适当大小和数量的透气孔或缝隙,使蚕座处于半封闭状态。4~5龄期采用透气育,即每摞叠式蚕匾四周不包塑料薄膜,以利于通气。工厂化人工饲料养蚕,空气经过净化处理,温度和湿度自动控制,宜采用开放饲育。

湿饲料一般用刀、刨或给饵机切成条状或片状,也可压成大块薄片放入蚕座,使蚕从网上向下取食。如系脱水的干饲料,可用水湿润后直接喂饲。通常是一日1次,也可1龄期2次、2龄期1次或3龄期2次,随人工饲料种类及饲养方法而定。1~3龄期每盒蚕种(约20 000粒卵)约需人工饲料15千克(湿重)。

家蚕人工饲料育1~3龄期小蚕期用薄膜垫底,采用切条育,饲料只放置一层,不得重叠放置。1~2龄期每龄期给料1次,即收蚁时及2龄期蚕饷食时各喂1次,1龄期蚕饲料条间距0.3~0.5厘米摆放,2龄期蚕饲料条间距0.5厘米左右;3龄期喂料2次,饷食及48小时各给料1次,3龄期蚕饲料条间距0.8厘米。1~3龄期均为97%左右起蚕时饷食。

每张蚕种1~4龄期蚕用粉体人工饲料干料6.1~7.3千克,其中1龄期蚕平均1张种(约28 000粒卵)用料量约0.6千克,2龄期蚕用料量约1.1千克,3龄期蚕用料量为4.4~5.6千克。在实际饲养小蚕过程中,还必须根据每个蚕匾的蚕座中饲料剩余情况来决定每次给料量。喂料时采用手工或饲料养蚕机将调制好的饲料均匀地撒于蚕座上,用鹅毛或蚕筷摊匀,小蚕喂食的人工饲料均需单层摊放。

四 匀座、扩座与除沙

1.匀座

每张种1龄期蚕座净面积约0.24平方米、2龄期蚕0.9~1.2平方米、3龄期蚕2.4~3.0平方米。收蚁结束1~2小时后,将小蚕匀座。匀座时,将蚁蚕较密处的饵料和蚕用蚕筷一并夹起,放到蚕较少的地方或四边,再将没有蚕或者蚕很少处的饵料用蚕筷夹起放到原来的饵料处,也可以另外放置新的料块,但蚕座四周一定要放置一圈空白的新鲜饵料条。在2龄期、3龄期蚕饷食后数小时,也用同样的方法对蚕进行匀座。

2.扩座

人工饲料饲育的蚕在食料期间一般不需要扩座。如蚕座过密,可将蚕头较密处的饲料条和蚕一并夹起放到蚕座四周,再在外周加1圈空白料。

3.除沙

1~2龄期蚕饲料培育期间不分匾和除沙;3龄期蚕于饷食后分匾时起除,分匾前在蚕座上加2张蚕网,每张蚕网各占蚕座面积的一半,在网上添加饲料,3~4小时后提网、除沙、分匾,在分匾后将蚕连同饲料向四周扩座,使其达到规定的蚕座面积,并补足饲料。

五 眠起处理

见眠后5~6小时进行换气排湿,使蚕未吃完的饲料尽量保持干燥,下一龄期若继续用饲料饲育,眠期要撒专用防腐消毒剂或隔离材料,防止早蜕皮的蚕取食剩余饲料。当起蚕有95%~97%、蚕向四周爬散时,此为饷食适期。掌握好止饵和饷食的时机对蚕发育整齐度至关重要。

六 小蚕人工饲料育转变为常规桑叶育的处理方式

蚕3龄眠,进入4龄饷食改喂桑叶前,喷撒防僵粉或新鲜石灰粉,应采用适熟偏嫩的3龄盛食期用叶,每张蚕种的用叶量约5.0千克,切叶饷食,大小约是蚕体的1.5倍,3~4小时后提网、除沙。

为促进蚕食桑和发育齐一,小蚕人工饲料育改为桑叶育之后的饲养温度要比常规桑叶育的标准温度提高1摄氏度左右,进入下一龄期再按照常规桑叶育标准执行。为预防蚕病,除饷食前进行蚕体、蚕座消毒外,第1天喂蚕用桑时必须要用含有效氯0.3%的消毒剂进行叶面消毒,并添食抗生素,同时延长光照时间,每天在12小时以上,以提高蚕的体质和抗病性。另外,为提高蚕的群体发育整齐度,在提网除沙时,必须淘汰5%左右的弱小蚕或进行分批处理。

第六章 省力化大棚养蚕技术

近年来,随着农业产业结构的进一步调整,蚕桑产业生产逐步向规模化、专业化、基地化、省力化方向发展,现有的常规养蚕方法已不能满足蚕桑生产发展的要求,在新形势下,省力化养蚕技术已经逐渐投入使用。省力化养蚕技术包括小蚕共育、省力化大棚养蚕、大蚕少回育、自动化喂蚕和条桑育等。该项技术因省力、省工、省时、节能、降耗、增效而深受广大蚕农欢迎。全面推广应用省力化养蚕技术对提高蚕茧质量,增加蚕农收入,促进蚕桑发展和社会主义新农村建设,具有十分重要的现实意义。

省力化大棚养蚕是家蚕饲养的一种模式,是为适应蚕桑家庭经营规模扩大、蚕桑专业户及专业村发展而研制开发的一项省力化养蚕新技术。目前省力化大棚养蚕已逐渐成为我国农村普遍采用的一种大蚕饲养形式。

白天太阳照射,热量透过塑料薄膜进入棚内,棚室保温性能好;夜间温度降低慢,棚内温度显著高于外温,利用这种"温室效应"并针对养蚕需要,采取改进措施进行调节使其适宜于养蚕,尤其是在早春和晚秋低温时可有效地降低加温成本,节省劳动力、物力。同时,利用省力化大棚养蚕,可减少大量的蚕室、蚕具等相关用品的投资,降低生产及劳动成本,尤其是大蚕期在大棚内可实行地面条桑育,喂蚕时给桑速度快,不需扩座、分匾、除沙等相关作业,可充分有效降低劳动力成本。在省力化大棚内养蚕,每个劳动力均可饲养3张蚕种以上,且由于桑叶新鲜,空气流

通好,减少大棚内蚕病相互传染的机会,从而达到稳产、高产的效果,因而省力化大棚养蚕对推进蚕桑生产专业化、产业化发展起到积极的作用,推动蚕桑生产走上集约化、规模化道路。

▶ 第一节　省力化大棚养蚕技术概述

一　省力化大棚养蚕的主要优点

1.建造大棚容易、成本低,利于规模经营

搭建一个160平方米的省力化养蚕塑料大棚,2~3人一天即可完成。每平方米塑料大棚成本仅需25元左右,比建造专用蚕室或扩大住房养蚕的手续简便、快捷,且成本要低得多,按照目前养蚕户有3~5亩桑园规模来看,建一个160平方米的大棚就足够满足养蚕和上蔟的需要(结合蚕台育,一次可养蚕6张以上)。省力化养蚕大棚建造容易,成本低、收效快,同时使用方便。

2.节约劳动力,工效高

由于省力化养蚕大棚基本上都是搭建在桑园旁边,采叶也方便,同时可以完全结合采用地蚕育、蚕台育、条桑育、自动上蔟等省力化养蚕技术,可大大提高工效(1个劳动力按常规只能养1盒左右5龄蚕,而养蚕大棚可养2~3盒),降低成本,减少劳动力,提高收益,有利于提高蚕桑生产的经济效益。

3.消毒彻底,通风透气,蚕茧产量高

省力化养蚕大棚通风透气性能好,便于大蚕期饲养,可以大大提高养蚕的成功率,同时可以提高蚕茧的产量和茧丝品质。

4.人蚕分离,改善环境

省力化养蚕大棚适应农民生活质量提高的要求,也有利于村镇现代化建设。

二 养蚕大棚类型及主要特点

省力化养蚕大棚的类型按结构来分,主要有简易蚕室、养蚕大棚和活动蚕室等3种,在有些地方还采用地坑育。

1.简易蚕室

蚕室的大小一般为35米×8米,四周墙体为水泥砖,屋顶为石棉瓦,在室内搭建2层蚕台,造价约每平方米35元。

简易蚕室的主要特点:使用时间长,便于养蚕操作,温度、湿度易控制,温差小,但一次性投资大,在综合利用上只能与养殖业相结合,才能节约、降低成本。

2.养蚕大棚

按大棚用料与结构又可细分为塑料大棚、稻草大棚和简易大棚3种。

(1)塑料大棚。用于养蚕的塑料大棚一般选择南北朝向、地势平坦和排水通畅的地方搭建;选择干燥、通风,远离稻田、菜地、果园,距桑园近、管理方便的场所。养蚕大棚的四周一定要挖好排水沟,保持排水畅通,以防蚕室周围积水。

塑料大棚的大小应根据场地大小和饲养量来确定,一般为(15~20)米×(7~8)米,即大棚的跨度为7~8米,长度为15~20米,棚顶高约3.2米,肩高1.5~1.7米(可适当调节,主要是有利于大棚内通风、排湿),在离地50~60厘米处用薄膜围成一圈(称裙膜),以防蚂蚁、老鼠等进入危害家蚕;其余地方安装防蝇纱窗网,既能防止苍蝇进入,又有利于大棚通风、透气。用直径25毫米左右的钢管作拱架(也可就地取材,采用毛竹等原

材料造简易大棚）。拱架埋入地下一般40厘米，相邻拱架间距83厘米左右，棚外另搭架子，比内棚至少高30厘米，在其架上覆盖2层遮阳网，避免阳光直射，以达到大棚内防晒、降温效果。一般搭建2层蚕台，每平方米造价约30元。

棚内设宽1.8米的三畦纵向蚕座，蚕座与蚕座之间留有1米左右的间距。棚内四周留有空隙，以便操作。

塑料大棚的主要特点就是成本低，便于养蚕前后的消毒、防病工作和综合利用等，但防高温性能较差，昼夜温差也较大。

（2）稻草大棚。在养鸡、养鸭比较集中的地方，可利用鸡、鸭棚来进行养蚕。稻草大棚大小一般为12米×8米×6米，周围砌约1.2米高的砖墙，搭2层蚕台。农村搭建稻草大棚每平方米约需20元。

稻草大棚的主要特点是取材容易，成本较低，防高温效果较好，温度受外界影响较小；但打扫、清洗、消毒难以彻底，而且稻草的使用时间较短，一般3~4年即需更换一次，这也增加了劳动力成本。

（3）简易大棚。可以利用房前屋后的空地，根据场地和农户的饲养量，用木料或毛竹依房屋墙壁搭建临时棚架，上覆编织布即可以搭成，蚕期结束后即可拆除，简单方便。

简易大棚的主要特点是搭建方便，投入少；但简易大棚内的温、湿度受外界影响明显，温差变化大，不好控制，需要安装水帘降温空调、通风排湿设备，棚内使用加温补湿设备才可以满足早春和晚秋的蚕期需要。

3.活动蚕室

活动蚕室大小基本为8.0米×7.2米×3.8米，用膨胀珍珠岩板围成，以角铁作平梁，上盖石棉瓦，搭2层蚕台，每平方米造价约120元。

活动蚕室的主要特点是拆卸容易，大小可灵活掌握，但造价成本高。

4.地坑

在地势高的稻田挖地坑,大小为13米×1.3米×2米,用竹片作棚架,上覆稻草,一般每个坑可养2张蚕种。

地坑的主要特点是挖坑方便,成本低廉,但操作起来不方便。

▶ 第二节 省力化大棚养蚕技术要点及注意事项

一 省力化大棚养蚕的技术要点

省力化大棚养蚕技术与室内常规家蚕饲养技术操作基本一致,通常一般在蚕4龄期第2天或5龄期第1天进入大棚,采用适龄的温湿度,正确的给桑方法,做好防病、防害工作,但对于以下几个方面必须高度重视,特别是要做好大棚内的温湿度调节。

1.严格消毒,防病防害

由于大棚养蚕是在室外饲养,易污染,加之虫害多,同时由于大棚内地面条桑育不除沙,所以蚕体、蚕座消毒工作比室内常规饲育要加强,除常规消毒外,特别要重视地面消毒工作。养蚕消毒前,先削除10厘米左右的表土,再进行消毒防病工作。消毒后,在地面先撒一层氯丹粉,再喷撒一层新鲜石灰粉。大蚕进棚后最好每天喂食之前喷撒1次新鲜石灰,蚕期多撒干燥材料,避免蚕座潮湿。4龄期进棚饲养的家蚕,应在5龄期饷食后及时除去蚕沙,清洁蚕座,以保持蚕座干燥。同时,大棚内应做好灭蝇工作,应在4龄期第2天和5龄期第2、4、6天中午添食或体喷1次灭蚕蝇,以防蝇蛆为害。若发现病蚕、弱小蚕等,应及时拣出,隔离处理,扔入专用石灰盆里,并加强蚕体、蚕座的消毒工作。在每期蚕结束后,及时

严格做好回山消毒工作,对养蚕的场地及所有使用过的蚕具等相关物品进行严格清洗、消毒,并揭除大棚的草帘和薄膜,利用日光暴晒进行彻底消毒。

2.移蚕处理

移蚕入大棚之前,需要先把地面平整好、踏实,清除大棚内的虫害及杂草,打扫干净,再用消特灵严格消毒,然后在大棚内的地面上喷撒一层新鲜石灰,以使此后养蚕时期的管理工作方便进行。入棚时饲养的蚕头密度不宜过密。

3.适时进棚

大棚内养蚕一般是小蚕期(1~3龄)实行小蚕共育,4龄第2天或5龄第1天时蚕进棚。如蚕饷食即进棚,由于起蚕对环境抵抗力差会影响到蚕的体质。4龄时进大棚饲养的,也可以先放在蚕台或蚕匾内饲养,适龄后再下地饲养。

4.条桑饲育

大棚内饲养家蚕一定要做好棚内通风工作。喂食片叶育易造成桑叶干瘪,蚕不食,因此以条桑育为宜。大蚕进棚给第2次桑叶后,即可采用条桑育。每日给桑2~3回。给桑量要根据大棚饲养家蚕温度高、发育快的特点,超前给足桑叶,一般在有10%左右残桑时即喂食下一回桑,但还应根据蚕的发育及养蚕时的天气变化,合理调节每次的给桑量和给桑次数。中、晚秋蚕期每日可增加1次给桑。给桑时应将条桑的梢头与桑条根基部相互搭配,条与条之间要相互平衡,避免条与条之间交叉,过长的枝条要剪断后再放置于蚕座上,注意保持蚕座平整,为熟蚕的自动上蔟打好基础。

大棚内温度高且通风后易引起桑叶萎凋,蚕食桑量减少,可在晴天的中午用含有效氯0.3%漂白粉溶液或消特灵空中喷雾来补湿、防病。尽量不喂湿叶,若喂湿叶,则需薄饲,吃完再喂,不留残叶,以防蚕座过于潮湿,滋生病原微生物,诱发蚕病。当蚕座湿度过大时,可喷撒石灰干燥,或铺垫上干燥的稻草后再喂食桑叶,或打开大棚的两侧薄膜,进行通风、排湿,待蚕座干燥后再继续正常喂食。

5.温湿度调节

大棚内饲养家蚕,其温、湿度高低是养蚕成败、产量高低的关键,其重点工作是要在控制好温度的基础上加强通风、排湿工作。在养蚕时,大棚内需挂置2只温湿度计,以便随时观察棚内的温、湿度变化。大棚内饲养家蚕时温、湿度调节的重点是在做好降温工作的基础上加强通风。对于高温对蚕体的影响,可以通过以下措施加以缓解:

(1)养蚕大棚温度调控。大棚内温度一般较室内高,且昼夜温差大,大棚内最低温度与最高温度相比:春蚕期相差10摄氏度以上,夏蚕期相差8摄氏度以上。夏季早、晚大棚内温度与室内温度相差不大,而下午2时左右温度相差较大,这主要是受到自然温度影响大,在高温期可盖上草帘、黑色遮阳网或掀起薄膜进行通风、降温,由于大棚内高温时间并不长,加之通风条件好,蚕生长未见异常反应。中、晚秋蚕期,山区早晚气温较低,必须在下午4时前后,把大棚两边揭开的塑料薄膜及时放下,以缩小棚内温差,防止温度降得过低导致蚕不食桑叶。所以,中、晚秋蚕期主要是做好早晚的保温工作,上午9时后及时揭开薄膜通风,覆盖遮阳网。棚顶盖遮阳网,有利于通风、降低棚内温度,从降温效果来看,2层明显优于1层,两边最好挂出1.5~2米,形成外走廊,以防止阳光直射棚内蚕座;加强通风。晴天一般揭开大棚两侧薄膜通风换气,晚上放下薄膜,如温度较高时,可昼夜通风以达到降温效果。雨天或夜间棚内温度低时,适当放下大棚两边的遮阳网,既通气又保湿,同时又可以防止雨水进入棚内,导致棚内湿度过大。此外,在大棚四周栽种树木或藤蔓植物,利用

绿色遮阳,也有降低棚内温度的效果。

(2)养蚕大棚湿度调控。一是巧吃湿叶,由于大棚内较通风,温度较高,湿度相对较小,桑叶易干瘪、萎凋。可采取晴天中午巧吃湿叶的办法,同时多用漂白粉、消特灵液,不仅能补湿、降温,还能防病;二是有条件的地方可采用棚顶喷水降温的办法,从上午9时起,每隔1小时喷水1次,至下午3时左右停止喷洒;三是有条件的大棚,可在两头做上水帘,在高温期,既能降温,又可以补湿;四是雨季排湿,春季遇连续阴雨天气,就要加强排湿工作,主要是通过四周开沟铺地膜,加强通风,多撒干燥材料等措施来控制湿度。

6.适时上蔟

大棚内温度高,蚕食桑快,老熟快、齐涌,要提早准备好相关蔟具等物品。蔟具有塑料折蔟、草笼、方格蔟等,为了提高茧质,目前大部分地区正在积极推广方格蔟具。在见熟蚕前1天改喂片叶,并用短稻草填平蚕座。同时,在见熟前一天中,每张蚕种用含有3支氯霉素、2支灭蚕蝇的蚕药均匀喷撒1次,以提高上茧率。老熟10%后使用蜕皮激素添食,添食片叶,放蔟具前应撒1层新鲜石灰粉消毒,再薄喂1次片叶,整平蚕座后放置蔟具进行自然上蔟(如用方格蔟,应该在大棚内侧下补放一排草龙,以免熟蚕爬出大棚)。要注意避免过熟上蔟,还要注意遮光,以避免过熟及光线过强而造成损失;为保证蚕茧有好的解舒,蔟中应注意通风,严防环境闷热,导致不结茧蚕发生。

熟蚕从上山到结茧,温度要保持在25~27摄氏度,一定要开放门窗,并揭开两边薄膜,增加气流,排除湿气,这是提高茧质的重要措施。熟蚕结茧过程中,要加强蔟中管理及时捉取游山蚕。白天要通风,保持蔟中干燥,以提高茧质;傍晚把摇杆放下,关闭通风口保持棚内温度。

利用方格蔟上蔟,从蚕上山后24~48小时即可进行翻蔟,待上山后

5~7天蚕茧全部化蛹时便可开始采茧，"轻采轻放"分类摆放，用筐、篮等硬包装盛茧，及时出售。

7.蚕期结束工作措施及回山消毒

每当一季蚕期结束后，饲养人员必须及时清除棚内蚕沙，并妥善处理，避免桑园附近大棚内的蚕沙与病死蚕污染桑园，危害下一季蚕的正常发育。当一季蚕饲养结束后，如果不连续进行蚕的养殖工作，应及时清洗所有的养蚕用具，并拆下棚膜，清洗干净后妥善处理，钢管钢筋做好防锈处理，开始进行回山消毒，同时也要做好大棚的物品保护，避免风吹日晒，从而有效延长物品使用寿命，降低养殖成本，提高经济效益。

二 注意事项

（1）大棚必须选择在地势高、干燥、平坦及环境卫生状况好，远离农田、庄稼以及通风排水良好的地方建造。

（2）切实做好大棚内的消毒防病、防害工作。由于室外养蚕易受老鼠、蚂蚁、蛤蟆等为害，因此，移蚕前须在大棚四周撒氯丹粉、灭蚁灵等。防病措施一般按常规进行，坚持每天撒新鲜石灰，石灰必须是现配现用，同时重点做好灭蝇工作。对环境进行无害化处理，在傍晚无风时，棚内外用含1%有效氯的漂白粉溶液喷洒消毒，大棚周围挖排水沟，用药物防治蚂蚁。

（3）蚕下大棚前，地面须撒石灰消毒，下垫稻草，铺上桑叶，再把蚕移到地面进行饲养。

（4）运桑与除沙通道严格分开，严防交叉感染。

（5）蚕沙必须倒入蚕沙坑沤熟再用作肥料，不可直接用作桑园肥料，更不可乱堆乱放，也不可直接作为肥料施入田间。

（6）针对桑叶易干瘪的缺点，晴天中午吃湿叶，取用含0.3%有效氯的

漂白粉溶液或消特灵以空中喷雾的方法,喷洒至蚕座上,这样既能补湿,又能消毒。

(7)大棚搭建在田头要防止发生农药中毒事件,所以选择棚址时尽量远离稻田或其他农作物,且离蚕农家较近,晚上最好有人看管。

(8)白天温度高,大棚需通风换气,以防30摄氏度以上高温出现,若蚕食桑旺盛,注意多给桑;夜间注意保温,控制给桑量。大棚养蚕往往会遇到温度过高或过低、昼夜温差大的不利情况,棚内温度在早秋蚕期最高可达38摄氏度,晚秋最低在18摄氏度以下,夜间和阴雨天棚内湿度大,蚕座易潮湿,要适时做好棚内的温湿度调节,才能保证蚕正常生长发育。

(9)提高大棚综合利用率,增加蚕农经济收入。从10月份晚中秋蚕结束后至次年5月份饲养春蚕期间,大棚约有6个月的闲置时间,可充分利用大棚种植反季蔬菜、食用菌或养鸡,从而提高大棚利用率,提高综合效益,但在养蚕前一定要彻底做好消毒防病工作。

蚕桑产业作为我国农业的重要组成部分,随着科学技术的发展及农业技术的提高,不断出现新的养蚕技术。通过引入省力化大棚养蚕技术,不仅可以降低工作强度,而且可以减少成本,大幅度提高经济效益。但选用省力化大棚养蚕技术时,也有很多问题需要注意,特别是及时严格做好消毒防病工作,以免出现因小失大的情况,造成经济损失。

第七章 养蚕消毒防病技术

消毒防病是家蚕饲养过程中的关键步骤,蚕病靠防,防重于治。尽管养蚕消毒防病是老生常谈,但有部分蚕农存在过分追求快捷的生产模式而忽视消毒防病工作或消毒马虎等现象,不重视相应的饲养条件和消毒防病技术,导致蚕病频发,损失惨重,无法收回投入成本,有时甚至颗粒无收。

因此,在养蚕过程中,只有掌握科学的饲养技术,使用正确的家蚕消毒防病技术,采取严谨的操作态度,才能有效防治蚕病害,杜绝病原微生物传染,养出高质量的蚕茧。正确、彻底地消毒是取得蚕茧优质高产的关键措施,不仅可以保障蚕农收入,而且对于促进蚕桑业健康发展意义重大。

▶ 第一节 养蚕前消毒准备

消毒防病是家蚕饲养过程中的关键,养蚕前对蚕室、蚕具消毒可以起到彻底杀灭病原的作用,是取得蚕茧优质高产的关键措施。只有用规范的方法消毒,采取严谨的态度操作,才能杜绝蚕病大面积发生,养出高品质的蚕茧,确保家蚕饲养达到高产、优质、高效的目的。

养蚕前对蚕室、蚕具消毒,最大限度地杀灭病原体,是保证蚕茧优质、高产的关键措施。饲养前消毒必须要按照"一扫、二洗、三刮、四刷、

五消"的步骤。

一 消毒步骤

1.扫

养蚕前10天左右把蚕具搬到蚕室外,将蚕室、贮桑室、地面及周围环境打扫干净,不留死角;清理出来的垃圾集中处理,制作堆肥。

2.洗

把蚕架、蚕匾、蚕台垫布、刀具、蚕网、蚕筷和蔟具等蚕具放在清洁的水中浸泡、洗干净,清洗时正反两面的所有地方都要洗干净。将洗干净的蚕具放到太阳下暴晒以消毒杀菌并晒干(在强烈日光下暴晒2整天以上,其始终受晒部分可实现完全消灭病毒)。

3.刮

刮除附着的蚕沙、死茧、死蚕尸体、蔟具上的浮丝,并刮除蚕室或大棚地面一层表土,垫上新土。刮出的旧土不能倒在蚕室及桑田附近,把清理出来的垃圾拉到远离桑园的地方堆捂制作堆肥或烧毁或深埋。

4.刷

蚕室经打扫清洗后,用20%石灰浆把蚕室内外墙壁粉刷一遍。

5.消

把清洗干净晒干后的蚕具集中到室内放好,用药剂进行消毒。第一次消毒在蚕室、蚕具清洗干净后进行,用20%石灰浆对蚕具浸泡喷洒消毒,用喷雾器将配好的药液喷施在室内、地面、蚕具的正反两面及周边环境等。3天后再喷一次药,用福尔马林石灰浆混合液对蚕室、地面、蚕具喷洒消毒,喷药后立即紧闭蚕室门窗,在室温24摄氏度左右密闭3小时。喷洒使用的消毒药液要现配现用才能起到作用。一般蚕室消毒主要使用含有效氯1%的漂白粉溶液、2%的石灰浆、2%的福尔马林石灰浆、

20%的石灰浆,以及2%甲醛与1%石灰的混合液;或者直接用30%的甲醛熏蒸后,密闭蚕室或大棚超过24小时即可。

二 消毒要求

（1）蚕室、蚕具必须要打扫清洗干净,不留蚕沙、死蚕尸体及死蚕留下的痕迹。

（2）对症用药,根据上一期蚕的发病情况选择合适的消毒药剂。

（3）药剂浓度要准确,药量要按标准用足,喷药要均匀、足量。

①氯制剂消毒（漂白粉、消特灵等）:用含有效氯1%的澄清液,喷药后保湿半小时,药剂当天配（含有效氯25%的漂白粉1千克加水24千克）当天用完。

②甲醛类消毒剂（毒消散、毒消安、福尔马林等）:消毒温度要在25摄氏度左右,保持湿润半小时以上,关闭门窗24小时。

③石灰浆:浓度2%（用新鲜石灰块化成石灰粉,按2%配成石灰浆）,喷药后保持湿润半小时以上即可。

（4）养蚕前对蚕室、贮桑室、蔟室、采桑筐、蚕网、蚕筷、塑料薄膜等要进行1次全面消毒,不要留有未消毒的用具,消毒后要保持清洁,换鞋入室,未消毒的用具不得带入蚕室,而已消过毒的蚕具也不能拿出蚕室。

在饲养过程中,对于蚕室的消毒防病仍然不可忽视,可喷洒含有效氯1%的漂白粉溶液,之后紧闭门窗,提升消毒成效,直至消毒结束。

三 消毒方法

蚕室、蚕具的具体消毒方法有很多,目前最常用的方法包括以下几种。

1.喷雾消毒

用喷雾器将配好的药液喷施在室内、地面、蚕具的正反两面及周边环境,喷雾的药液要现配现用。

2.浸润消毒

蚕具浸润消毒首先是在使用的消毒池(也可用薄膜、四周用小砖搭成方形池子作为临时消毒池)内加入2%的新鲜石灰,接着把使用过的蚕具放入其中浸润10分钟左右,然后捞出在阳光下晒干。

3.熏烟消毒

熏烟消毒一般是在最后一次药液消毒结束的当天傍晚进行。进行熏烟消毒时,要求密闭门窗,蚕具不可重叠堆积,室内温度在25摄氏度左右,湿度越大越好。一般在喷液消毒后立即进行熏烟消毒,消毒后密闭门窗24小时即可通风换气。

4.煮沸消毒

小蚕具(如蚕筷、鹅毛、刀具、切桑板)用开水煮沸半小时左右,然后在阳光下进行暴晒以消毒杀菌。

▶ 第二节 蚕期消毒防病及回山消毒

蚕期消毒防病及回山消毒是家蚕饲养过程中的关键,只有严格遵循规范的消毒防病步骤,才能杜绝蚕病的大面积发生,才能养出高质量的蚕茧。

一 蚕期消毒防病

(1)进入蚕室要换鞋,喂叶前、除沙后、捉病蚕后切记要洗手,门口内外铺上一层新鲜的石灰粉。

（2）不在蚕室内堆放桑叶，装桑叶用具和装蚕沙用具要严格分开，切记要与农作用具分开。

（3）饲养过程中，若发现病蚕，一定要及时拣出，丢入石灰钵里统一深埋，僵蚕要焚烧；严格淘汰或隔离迟眠蚕、弱小蚕。

（4）蚕室和蔟室内严禁放置农药和使用灭蚊药剂。

（5）对贮桑室、蚕室、大棚地面要经常使用漂白粉、消特灵等药剂进行消毒。

（6）饲养过程中，进行蚕体、蚕座消毒，预防蚕病发生。方法如下：

①用氯霉素、克蚕菌胶囊、诺氟沙星等防治家蚕细菌病，大蚕期每龄添食2次，发现病蚕时连续添食2~3次，注意添食用水要洁净。

②用新鲜石灰粉防治家蚕病毒病，从3龄期开始至上蔟每天使用1次，病情严重时每天2~3次。石灰粉必须是新鲜的，现制现用。

③漂白粉和防僵粉消毒效果比较全面，小蚕用2%浓度，大蚕用3%浓度，大蚕期每天用1次，随配随用。不同浓度的漂白粉配制方法：如原漂白粉浓度为26%，配成2%浓度，则1份漂白粉加12份石灰；配成3%浓度，则1份漂白粉加8份石灰。

二　回山消毒

在养蚕结束后，一定要严格做好回山消毒工作，主要包括以下几点：

（1）集中清理养蚕结束后留下的病蚕体、残桑、蚕沙及污烂茧，及时使用药剂消毒。

（2）采茧工作结束后立即对已用过的养蚕用具，包括蚕具、蔟具、室外用具等进行全面彻底洗刷、日晒、消毒，对蚕网、蚕筷等直接接触蚕体的小蚕具进行煮沸消毒，对尼龙薄膜等进行浸渍消毒。将所有消过毒的

器物固定收好,不与未消毒的器物放在一起。

(3)将蚕室和大棚打扫干净,再用药液进行全面喷洒消毒。

(4)对于用过的草笼蔟必须立即烧毁,方格蔟过火烧去浮丝且正反两面均需要喷雾消毒,并在太阳下暴晒后收挂在干燥通风处。

(5)集中堆捂的蚕沙要远离桑园,必须要加土覆盖,堆捂蚕沙的土坑要消毒或换新土。

三 消毒防病工作注意事项

1.小蚕共育期消毒

小蚕共育期除了注意做好蚕期眠起处理及提青等关键工作外,还必须要注意做好消毒工作。小蚕期消毒工作主要包括以下几点:

(1)所有需要使用的蚕具必须经过消毒处理,在小蚕的每次眠中、龄中、止桑、除沙时都要撒新鲜石灰粉进行蚕座消毒防病。石灰粉还能保持蚕座干燥。

(2)在龄中、收蚁、饲食前都要撒小蚕防病一号进行蚕体消毒。

(3)3龄期用新鲜石灰粉对蚕体、蚕座进行消毒;饲食时可用含2%有效氯的防僵粉消毒。

(4)小蚕共育结束后立即清扫消毒共育室,坚决杜绝使用小蚕共育室来饲养大蚕。

(5)及时把蚕沙清走,拉至远离蚕室的地方消毒堆放,不得直接倒入桑园作为肥料。

2.大蚕期消毒

大蚕对高温多湿环境抵抗力差,容易诱发蚕病,所以要根据情况及时升温排湿或洒水降温并做好消毒工作,主要包括以下几点:

(1)大蚕在4龄期起蚕时,用防病一号进行蚕体消毒1次,5龄期起蚕后则每天都要用防病一号进行蚕体消毒;熟蚕上蔟前,用防僵粉和防病一号消毒1次。

(2)大蚕期在龄中、止桑、除沙时,每天都要用新鲜石灰粉进行蚕体、蚕座消毒,石灰粉还可起到除湿作用;发生蚕病时,每天早晚各撒1次新鲜石灰粉控制病情;用1份漂白粉配8份生石灰撒在蚕体蚕座上,以防止僵蚕出现。

(3)病死蚕和弱小蚕要拣出放在石灰桶中消毒后深埋,以防止病原扩散。

(4)蚕室内外要经常清扫,用新鲜石灰粉撒施,杀灭地面病原。

(5)勤除沙、饲喂新鲜桑叶、常开门窗换气、排湿等,避免感染脓病。

(6)消毒用的石灰粉现配现用,不能堆在墙角或潮湿的地方,要保持新鲜,用不完的要密封保存,并尽快用完。

3.加强管理

(1)加强桑园病虫防治,防止桑叶上的虫口病毒传播到家蚕。

(2)避免桑叶受农药和废气污染。

(3)大蚕要稀座饱食,避免相互抓伤导致发病。

(4)加强提青分批、眠醒除沙,及时淘汰弱小蚕、迟眠蚕。

(5)养成定时给桑的习惯,增强蚕的体质。

(6)气候干燥时及时添水,适时添加蜕皮激素,促使上蔟整齐。

(7)避免大小蚕室和大小蚕用具混合使用;不在蚕室内抽烟,入蚕室要换鞋洗手。

(8)桑叶不能捂热,要保持新鲜,尽可能当天采当天用。

(9)及时清除病死蚕并用石灰消毒后深埋处理。

4.养蚕结束做好回山消毒

(1)集中清理养蚕结束留下的病蚕体、残桑、蚕沙及烂茧,及时用药

剂消毒。

（2）采茧结束将所有蚕室、蚕具、蔟具、室外用具等清扫干净，再用药液进行喷洒消毒。

（3）蚕网、蔟具、蚕筷等小蚕具煮沸消毒，尼龙薄膜等浸渍消毒，不可与没消毒的器物放在一起。

（4）集中堆捂的蚕沙要加土覆盖，堆捂蚕沙的土坑要消毒或换新土。

（5）方格蔟使用后正反两面都要喷雾消毒，并在阳光下暴晒后收挂在干燥通风处。

（四）蚕区消毒防病工作中存在的问题

1.消毒防病的药物使用不当

消毒蚕室时，总是使用毒性和残留期较高的药物，或长期使用一种药剂进行消毒，桑园的酸碱性农药混用，消毒时浓度不够等，都会产生药害，也会降低防治效果。因此，应根据作物、防治对象和药性来对症下药，使用桑园专用农药，交叉用药、合理混药。

2.用药时间不准确

用药时间必须明确，不得在家蚕饲养时期、错开病虫最佳的防治期、风雨天或高温天气情况下施药，否则都会影响药效或产生药害。因此，应避开饲养安全期，抓住病虫对药物最敏感的时期，最好选择晴好天气进行用药，并以上午10时、下午6时左右施药最为适宜。

3.消毒不彻底

养蚕过程中，往往因为时间太过紧凑、事情太过集中而忽视消毒工作，特别是以下几点工作在家蚕不发病的时候不被重视：

（1）对于蚕具、养蚕场地（蚕室、大棚等）、室外周边环境不注意彻底清扫、消毒，以致病原物未被彻底清理，导致家蚕重复染病。

对于蚕台、蚕具、方格蔟、养蚕的地面等没有消毒或消毒不彻底,残存的病原物大量繁殖,并且污染室内养蚕器具,或污染蚕体导致蚕病再次被传染。

(2)对于蚕沙乱堆乱放,没有选择合适的地方堆放蚕沙,或没有用药剂堆捂消毒、杀灭虫卵就直接施入桑园,使得桑园及周边环境均受到污染。

对于死蚕乱扔或喂鸡,而没有投入石灰桶消毒杀菌,导致病原物四处扩散。

4.饲养管理粗放

饲养中管理粗放,各种不当操作均会使家蚕染病,从而导致歉收。管理粗放主要体现在以下方面:

(1)养蚕前所有器物及蚕室没有认真、及时洗刷消毒与彻底杀灭病原。

(2)大小蚕的蚕室、养蚕器具混用。

(3)大蚕期没有及时通风,导致潮湿、闷热。

(4)各龄期没有及时扩座和提青分批。

(5)抓拿大蚕时造成蚕体损伤。

(6)蚕体消毒时间无规律性。

▶ 第三节　常用消毒药剂

用于养蚕时消毒防病的药剂有很多,但常用的有以下几种:

一 石灰

生石灰是块状的氧化钙,加水后化成粉状的熟石灰(氢氧化钙)。石灰起消毒作用的主要成分是氢氧化钙。氢氧化钙溶于水后是一种强碱性的溶液,能溶解家蚕多角体病毒的包涵体蛋白,杀灭游离出来的病毒粒子。因此,新鲜石灰浆对家蚕病毒病的病原体有很强的消毒力,但澄清的石灰水消毒作用很微弱。石灰可单独使用,也可与二氯异腈脲酸钠、阳离子表面活性剂等混合使用,以弥补其对真菌、微孢子虫等消毒作用的不足。石灰浆的消毒标准浓度为1%,用量为250毫升/米^2,对蚕室喷雾消毒,对蚕具浸渍或喷雾消毒。石灰浆要用新鲜石灰粉配制,消毒时要经常搅拌药液,防止石灰沉淀。石灰制成熟石灰后也可以用于蚕体、蚕座消毒。

二 甲醛类消毒剂

有固体甲醛(又称聚甲醛)、液体甲醛(即福尔马林)两种。甲醛为还原剂,可通过还原作用使病原蛋白质变性,从而达到杀灭病原体的目的。它对病毒、真菌、细菌等都有杀灭作用,但消毒效果受环境温度影响较大,一般要求环境温度在24摄氏度以上。生产上,常用以固体甲醛为主要成分的毒消散进行熏蒸消毒,用以固体甲醛为主要成分的防病一号、聚甲醛散,或以液体甲醛即福尔马林为主要成分之一的"蚕座净"等进行蚕体、蚕座消毒。

三 含氯消毒剂

含氯消毒剂溶于水后能生成次氯酸,通过氧化作用使病原蛋白质变性,从而达到杀灭病原体的目的。含氯消毒剂对病毒、真菌、细菌等都有杀灭作用,且消毒效果受环境温度影响不大。常用的含氯消毒剂的种类与性状详见表7-1。

表7-1　含氯消毒剂的种类与性状

名称	有效化学成分	产品有效氯含量(%)	溶解性、酸碱性	主要性状
漂白水	次氯酸钠	10~14	强碱性	淡黄色液体,不稳定,易失效
漂白粉	次氯酸钙	25~30	易溶,有大量残渣,强碱性	白色粉末,易吸湿分解
漂粉精	次氯酸钙	55~85	易溶,强碱性	白色粉末,不易吸湿
优氯净	二氯异氰尿酸钠	60~65	易溶,微酸性	白色粉末,干粉稳定
防消散	二氯异氰尿酸	65~71	微溶,酸性	白色粉末,干粉稳定
防病灵	三氯异氰尿酸	≥85	微溶,酸性	白色粉末,干粉稳定

四　影响消毒效果的主要因素

1.消毒效果与环境中病原体分布的数量和存在状态有关

养蚕前利用化学药剂对蚕室、蚕具等进行消毒,是大幅度减少环境中病原体数量的最有效方法。所谓"彻底",那只是要求,实际上做到彻底是不可能的,只要病原体数量减少到不致使蚕发病,那么消毒的目的也就达到了。如果消毒前环境中存在的病原体数量很多,消毒后残存的数量也会相对多一些;如果有病蚕尸迹,仅用药剂进行表面消毒是无法将尸迹内的病原体杀灭的,所以消毒前的清扫、洗刷、刮尸迹等工作,以及上一季蚕中的病蚕和蚕沙的妥善处理、回山消毒等不让病原扩散污染环境的工作,对于提高本期消毒效果是非常重要的,必须要认真做好。

2.消毒效果与消毒药剂的种类、浓度、作用时间及消毒环境的温湿度有关

根据目前农村养蚕的条件和发病多为病毒病的实际，一般认为选择含氯消毒剂中的漂白粉为好，使用浓度为含有效氯1%的漂白粉溶液，即500克漂白粉加12.5千克水，配后覆盖静置1小时后取澄清液喷雾消毒，保湿30分钟以上。蚕匾消毒，最好先将其放入石灰浆消毒池浸泡，再用漂白粉溶液等喷洒消毒。

3.消毒效果与消毒环境和外界的隔离及内部保洁情况有关

进出消毒后的环境必须要换鞋；未经消毒的用器具不得带入蚕室；养蚕期间要保持蚕室清洁；除沙后地面要进行消毒。

第八章

家蚕主要病害诊断与防治

家蚕在饲养过程中,常见病害相对较多,家蚕接触病原体或者受到外部环境的影响,很容易发生病害。家蚕在生物(病毒、细菌、真菌、原生动物和节肢动物等)、饲料(桑叶)、气象(温度、湿度、光照、气流及空气成分等)、物理(主要是机械损伤)、化学(农药、烟草、工厂废气及煤气等)等多种外界因素及蚕体自身生理因素的影响和作用下,会产生多种蚕病,如果防治措施不当或者防治不及时等,甚至会造成蚕的死亡,进而影响家蚕饲养经济效益。

为了控制蚕病的发生,研究人员不断地寻求防治蚕病的有效途径和方法,以求可以达到防病的效果。现在国内外蚕病综合防治措施主要包含两个方面。一是采用优良抗病品种。应用抗病抗逆性品种来防治各种病害,可以不用增添特殊的防治措施和防病药剂,节省人力、物力和财力,减少环境污染,获得明显的防病效果,因而也比较容易被生产所采纳。品种的选育应以增强体质为重点,提高品种的抗病性。二是不断改进消毒药物。消毒是当前防治蚕病的根本措施。许多年来,虽然出现了各种新的消毒药剂,但是消毒药剂的基本成分仍是甲醛和有效氯两种,所不同的是增加了某些增效剂,以提高和改进消毒的效果。鉴于消毒是防治蚕病的根本措施,进一步研究广谱、高效、低浓度、稳定,以及无腐蚀或刺激性的新消毒药剂,仍是今后蚕病防治的一项主要任务。

随着目前蚕病研究工作的进展,家蚕病防治的途径已经发展到多种多样,如何综合采用各种防病措施,达到最佳的防病效果,是每个科研者

及生产者应该重视的任务。

第一节　蚕病的种类及危害

一　蚕病的种类

蚕与其生活的环境是一个统一的整体。病原微生物的侵染,包括蝇虫在内的害虫的叮咬、农药或不洁物的刺激及营养不良、饲育技术不当等一切妨碍蚕正常生理的环境因素,都能影响蚕的正常生长发育,严重时还可引起蚕病。蚕病是养蚕生产上主要的不稳定因素,会直接影响养蚕的收成、蚕茧的产量及茧丝的品质。蚕病导致的减产甚至绝收事件屡见不鲜。

蚕病的种类因分类方法不同而不同,通常按致病原因可分为非传染性蚕病和传染性蚕病两大类。

非传染性蚕病是由节肢动物侵害、理化因素刺激、生理缺陷或遗传致死基因等引起的蚕病。农药中毒、蝇蛆茧等均属于该类型蚕病。

传染性蚕病是由致病微生物感染引起的一类蚕病。因病原微生物种类不同又可分为四类:第一类是以血液型脓病(也可称为核型多角体病)、中肠性脓病(又称质型多角体病)、病毒性软化病及脓核病等4种蚕病为代表的病毒病,该类蚕病具有发生频率高、暴发危害大的特点;第二类是细菌病,有败血病、细菌性中毒病和细菌性肠道病几种,细菌病的发生与外界环境的温、湿度有很大关系,高温多湿的夏季较易发生,但其发病规模一般较小;第三类蚕病为真菌病,包括白僵病、黄僵病、绿僵病、曲霉病、灰僵病等,其中危害最大的为白僵病,但发生白僵病的病蚕却具有很高的药用价值,可以美白肌肤及治疗小孩惊厥;第四类蚕病为微孢子虫病,主要有微孢子虫病、变形微孢子虫病等。

二 蚕病的危害

养蚕生产中蚕病的危害情况,因地区和季节的不同、发生蚕病的种类的不同而有很大的差异。当前,养蚕生产中发生较普遍的传染性蚕病主要是病毒病、真菌病和细菌病,原虫病中的微粒子病在蚕种生产中也时有发生;因受大田农作物、林区害虫防治使用化学农药和无人机喷洒农药的普遍推广等因素的影响,农药中毒类的非传染性蚕病发生频率也在逐年递增。综合分析可知,蚕病发病率在5%~10%即代表该蚕区发病率低、养蚕收益也较高;发病高的蚕区的发病率则超过10%,其蚕茧产量、茧丝品质均因蚕病的高发生率而降低(图8-1)。

图8-1 暴发蚕病后熟蚕上蔟时发生不吐丝结茧

1.蚕病发生的地区分布

蚕病毒病、细菌病、真菌病和微孢子虫病等主要的传染性蚕病遍及世界各蚕区,但其发病程度因各蚕区的气候条件、病原留存状况、防病措

施、养蚕技术以及蚕品种不同而有差异。一般温带地区较热带和亚热带地区、干燥地区较湿度高的地区发生家蚕病毒病和细菌病的频率和严重程度均大幅降低；养蚕技术好、全年养蚕次数少或没有饲养过家蚕、防病措施严密、未曾暴发过大规模蚕病、病原密度小的蚕区发生各种蚕病的可能性也会降低，而养蚕技术差、全年多次饲育、防病措施不严、病原分布密度高的蚕区则更易发病，危害的程度也会更严重。以我国主要蚕区发病情况而言，江苏、浙江等养蚕技术成熟、年养蚕次数少的蚕区发生较少，广西、广东等常年高温多湿、一年多次连续养蚕的蚕区发生较多，而四川、安徽等温热省份则处于中间位置。家蚕真菌病通常在干燥地区发生较少，在多湿地区发生较多且易造成流行。

微粒子病的发生一般与蚕种带病率以及蚕区受微粒子病污染程度有直接联系，且成正比关系。凡是发放无病蚕种以及受病原污染程度较低的地区，只要做好消毒防病工作、确保彻底杀灭病原，微粒子病发生概率基本为零；而对于全年多次连续养蚕的蚕区，病原分布范围广且密度高，消毒难以完全清除病原时，微粒子病仍有一定程度的危害。

非传染性蚕病的发生则与养蚕环境中存在的理化、节肢动物等致病因素密切相关。农药中毒和工业废气中毒的发生程度取决于养蚕室和桑园周围农药使用情况及工业排出包括粉尘在内的各种有害物质的程度。节肢动物寄生并分布较为特殊，如多化性蝇蛆病在我国各蚕区均有发生，但日本蚕区却几乎没有发生；蚰蛆病则主要发生在日本各蚕区，我国则除台湾省外，其余蚕区均未发现；浦螨病主要发生在棉、蚕兼营地区。至于生理性障碍和遗传性因素引起的蚕病在全国均未大规模发生过。

2.蚕病发生的季节差异

蚕病发生种类及危害程度因季节不同所致的季节气候条件及桑叶质量不同而有差异。就整体来说，春蚕期环境条件适宜，桑叶质量好，蚕体抗病力强,蚕病发生少;夏蚕高温、多湿,桑叶病虫害多,桑叶干枯质量较差,蚕营养情况稍差、抗病力较弱,蚕病暴发频率高、危害较大;早秋蚕期一般在7月底开始持续到8月中旬是全年温度最高的时节,桑叶易受干旱、虫害,是全年蚕病发生最多的季节;从中秋蚕期开始,气温逐渐下降、气候较为干燥,桑叶质量虽有所提升但仍低于春蚕期,发病率介于春蚕期与夏蚕期之间。各种类型的蚕病,因其致病因素受季节性气候条件的制约,其发生的季节性差异也十分明显。核型多角体病、质型多角体病在夏秋蚕期暴发的频率非常高;细菌病在早春和晚秋蚕期很少发生,而在夏、早秋高温季节细菌易滋生繁殖,无论是猝倒病、败血病还是细菌性肠道病,发生均较普遍;真菌病则主要在多雨多湿的夏蚕期及昼夜温差大或气温剧降的晚秋蚕期发生严重;微粒子病发生的季节间差异较小,但桑叶受虫害侵蚀严重的夏蚕期、早秋蚕期,会有零星的增加。

非传染性蚕病中,多化性蝇蛆病春季发生很少,夏秋期则危害严重;蒲螨病主要在春、夏蚕期发生,夏蚕以后较少发生;农药中毒通常夏秋蚕期较春蚕期严重,主要是因为夏、秋季农林生产大量施药除虫;工业废气中毒则与各蚕区环境中毒物的施放时期有关,无法统计其发生规律。

▶ 第二节　蚕病的发生原因与流行规律

蚕病发生与否,取决于以下三个条件:一是致病因素(病原微生物或理化、节肢动物侵害)是否存在;二是蚕体本身抗病力的强弱;三是环境条件是否有利于致病因素的致病作用。致病因素、蚕体抵抗力和环境三者之间相互联系、相互影响、相互制约。

一 家蚕的致病因素

引起家蚕发病的因素有很多,包括生物、化学、物理、营养以及蚕本身的生理因素等。

1.生物因素

传染性蚕病是由病毒、细菌、真菌和微孢子虫等病原微生物感染造成的,非传染性蚕病是由某些节肢动物的寄生和为害所引起。已查明的对家蚕致病的生物因素有:

(1)病毒。有核型多角体病毒(NPV)、质型多角体病毒(CPV)、病毒性软化病病毒(IFV)和二分浓核病病毒(BDV)等。

(2)细菌。有苏云金芽孢杆菌、蜡螟杆菌、沙雷菌、气单胞杆菌及链球菌等。

(3)真菌。有白僵菌、曲霉菌、绿僵菌和黑僵菌等。

(4)微孢子虫。有家蚕微粒子虫、变形微孢子虫等。

(5)节肢动物。有多化性蚕蛆蝇和浦螨等。

2.化学因素

化学因素多指农药、工厂排放的工业废气、粉尘和蚕室内加温散发的煤气、灭蚊虫的蚊香除虫剂等,对蚕均有毒害。

3.物理因素

特指机械损伤。添加桑叶、去除蚕沙或分蚕时操作不当,不适宜的饲育温度和湿度的冲击,以及强光、日晒等均会对家蚕构成直接伤害。

4.营养因素

指极端饥饿和叶质差等因素,导致蚕营养不良、抵抗力减弱从而直接影响蚕的健康,甚至暴发蚕病的情况。

5.蚕本身的生理因素

蚕生理障碍、致死遗传基因能直接导致蚕死亡。蚕品种不同导致的种质不同以及性别不同、处于不同发育阶段等也会对蚕病的发生产生重大的影响。

上述家蚕致病因素往往相互联系,形成综合致病作用。例如,不良的物理因素、化学因素、营养因素等,轻则削弱蚕的抵抗力,导致蚕体易受病原微生物侵染,重则可导致蚕死亡。

二 传染性蚕病的流行规律

1.病原的来源及传播

蚕病病原微生物的来源有多种途径,病蚕及野外昆虫患病后死亡的尸体、污液,患病家蚕或蚕蛾排出的蚕粪、蛾尿等排泄物,病蚕体壁破裂时渗出的体液或呕吐出的消化液,带病蚕蛾产下的蚕卵,甚至带虫口的桑叶等,都可能带有病原体。对这些传染源必须要做好消毒处理,隔断其向健康家蚕传播和扩散的途径。蚕室内外病原微生物存在状况的检查结果表明,蚕室、储桑室和蔟室内的尘埃及地面表土、养蚕用水的水源附近以及桑基鱼塘内都能不同程度地检出各种家蚕病原微生物。这时,养蚕大环境消毒不彻底,会通过人手、蚕具及桑叶等媒介将病原带入蚕座而使蚕感染发病。

2.传染途径

病原微生物侵入蚕体致病的途径有经口传染、创伤传染、接触传染和经卵传染四种。

(1)经口传染。病原微生物被蚕经口食下从而引发蚕病,这是最主要的传染途径。各种病毒病、细菌性肠道病、猝倒病及微粒子病的病原微生物都可以通过蚕食下后侵染而引发蚕病。

（2）创伤传染。家蚕幼虫胸足和腹足长有许多锐利的钩爪，家蚕密集饲养过程中，相互抓破体壁的机会很多。在给桑、除沙、扩座和匀座等蚕期处理过程中，也有造成蚕体创伤的可能。体壁破裂为病原体入侵提供了机会，各种病毒病、真菌病和败血症的病原微生物都可以通过此途径感染家蚕。

（3）接触传染。僵病孢子附着在体壁上，当温度条件适宜时孢子发芽，通过分泌脂酶、几丁质酶、蛋白酶等直接溶解体壁，从而进入蚕体内寄生。多数僵病孢子都通过接触传染这个途径感染正常家蚕，密闭不通风的蚕室更易发生。

（4）经卵传染。又称经胚传染，指患病的母蛾产下携带病原微生物的蚕卵，正常受精后并最终孵出患病幼虫的传染方式。可以肯定，经卵传染是微粒子病的病原体所独有的感染途径。

就各类家蚕病原微生物而言，由于其各自构造及侵染家蚕机制的不同，感染途径也不尽相同。血液型脓病、中肠型脓病、病毒性软化病、浓核病等病毒类蚕病可通过经口传染与创伤传染两种途径感染家蚕；僵病感染家蚕的途径为创伤传染和接触传染；细菌性中毒症、细菌性肠道病能通过经口传染使家蚕发病；败血症则经过创伤传染侵入家蚕体内；微粒子病的病原体除经卵传染外，还可以通过经口传染途径使蚕发病。

三 蚕病的发展过程

传染性蚕病的病原微生物从侵入家蚕体内到发病死亡，其过程按病情发展可分为潜伏期、前驱期、明显期与毙死期四个时期。

1.潜伏期

潜伏期是指疾病尚处于隐蔽时期，病原体侵入蚕体并开始寄生繁殖，但还未表现出病症症状。潜伏期时间的长短与各种蚕病的种类有关,但即使是同一种蚕病,其潜伏期的长短也会因家蚕品种、发育阶段等各方面因素的不同而有差异。如:①入侵蚕体的病原体越多,对应蚕病的潜伏期则越短;反之越长;②病原体毒株毒性强,潜伏期就会明显缩短;③养蚕环境温度越高,家蚕感染病毒后潜伏期就越短;④家蚕感染多种病原的情况下,潜伏期相比只感染单一病原时表现出缩短的趋势;⑤蚕的龄期、桑叶质量包括传染方式对潜伏期均有影响。

2.前驱期

前驱期为蚕病发生的征兆阶段,这时病蚕只表现出某些前驱症状,而不一定是某种蚕病的特异性症状。大多数传染性疾病的初期症状往往都表现为食欲减退、行动迟缓、体色缺乏光泽、蚕体较小、发育落后、迟眠等。该时期一般难以判断发病种类。

3.明显期

在明显期,病蚕明显表现出某种蚕病的典型病症。

4.毙死期

在毙死期,病蚕体内病原体大量繁殖增生,严重破坏了蚕体的正常发育及新陈代谢,最终死亡。在病蚕死亡过程中,大量的病原体通过体液、粪便及尸体被释放到周围环境中。

任何传染性蚕病都是由个体向群体不断蔓延的。病蚕的蚕粪、消化液、体液中含有大量的病原体,有着很强的致病力。病蚕大量排出病原体,污染蚕座、桑叶,一旦被健康蚕食下,或通过蚕体的伤口侵入蚕体内,就会造成重复传染,致使蚕病逐渐蔓延扩大,甚至造成蚕病的流行。

(四)影响蚕发病的因素

病原微生物侵入蚕体内之后,能否引起蚕感染发病,由蚕的抗病力决定,而抗病力的强弱不仅取决于蚕本身的体质、发育阶段和性别等内

在生理因素,也取决于饲育温度、湿度和饲料质量等外界因素。

1.蚕品种

蚕的抗病能力因品种的遗传基础不同而有显著差异。一般来说,多化性品种抗病力强于二化性品种,二化性品种又强于一化性品种,杂交种强于纯种。对各种蚕病来说,又有抵抗力弱的品种和抵抗力强的品种之分。调查不同品种对不同蚕病病原的致死中量,能发现一些对某种蚕病抵抗力极强,甚至免疫的全抗性品种。

2.发育阶段

对多数传染性疾病而言,家蚕发育的龄期不同,其抗性有显著差异。一般蚁蚕最弱,随蚕龄的增长,抵抗力整体上逐渐增强;同一龄期中,起蚕的抵抗力最弱,随食桑而逐渐增强,到盛食期末进入将眠时又趋下降。

3.性别

蚕的性别不同,抗病力也有差异,一般雌蚕较雄蚕弱。对质型多角体病毒而言,雄蚕的抵抗力约为雌蚕的2.8倍。

4.饲育温度

蚕是变温动物,即体温直接受外界温度的影响。因此,在各种气象因素中,饲育温度对蚕体健康的影响最明显,尤以高温的影响最大。32摄氏度以上高温对催青期、稚蚕期、壮蚕期的蚕都有明显的影响。接触一定时间发育临界温度外的高温(>37摄氏度)或低温(<7.5摄氏度),则抵抗力极度下降,即使感染极微量病毒也会致病。

5.饲料质量

在桑叶饲育中,桑叶是蚕体营养的唯一来源,桑叶质量的好坏不但影响蚕的生长发育和产茧量高低,而且也影响蚕体的抵抗力。长期喂饲嫩叶、日照不足叶、变质及过硬的桑叶,蚕对核型多角体病毒、质型多角体病毒的抵抗力都明显下降。如用人工饲料喂蚕,人工饲料中桑叶粉添加量过少,或加水量过多、过少,或脱脂大豆粉、蔗糖等含量不当,也会影响蚕的抗病力。

▶ 第三节 家蚕病毒病

一 家蚕病毒病的发病特点

家蚕由于受病毒感染而发生的病毒病是养蚕生产上最常见、危害也比较严重的一类蚕病。病毒病在中国各蚕区不同季节都有发生,夏秋季由于气候、叶质条件较差,常常多发核型多角体病、质型多角体病等,造成蚕茧歉收,蚕农利益受损。造成这一切的家蚕病毒是一种不具细胞结构的微生物,很微小,只能在电子显微镜下才能看到。病毒专营寄生生活,而且选择寄主的专一性很强,它们不能独立生活,但可借助于蚕体的细胞代谢机制完成其繁殖,离开家蚕活细胞,不表现任何生命活动,病毒增殖也就停止,但它们仍保留着在适宜条件下感染宿主的能力。游离病毒粒子对环境抵抗力弱,容易失活,但被蛋白质包埋后形成的多角体,则对环境抵抗力强,多年后仍有感染力。不过,游离病毒粒子及多角体在碱性溶液中会逐渐被碱性裂解、杀灭。

二 常见的家蚕病毒病

养蚕中常见的病毒病有四种。

(1)体腔型脓病:又称血液型脓病或核型多角体病,是昆虫病毒病中发现最早、研究最详细的一种病毒病。宋代《陈敷农书》记载该种蚕病时

称为高节蚕。病毒为杆状,核酸为双链DNA;多角体为六角形。病毒主要感染血细胞和体腔内各种组织,在细胞核内复制、增殖。

(2)中肠型脓病:又称质型多角体病,中国古农书上俗称"干肚白"。病毒为球形,核酸为双链RNA;多角体有六角形和四角形两种。病毒主要感染中肠圆筒形细胞,在细胞质中复制、增殖。

(3)病毒性软化病:病毒为球形,核酸为单链RNA,不形成多角体。病毒主要感染中肠杯形细胞,在细胞质中复制、繁殖。

(4)浓核病:通常也叫空头病。病毒为球形,核酸为单链DNA,不形成多角体。病毒主要感染中肠圆筒形细胞,在细胞核中复制、繁殖。

1.体腔型脓病

(1)致病过程。大量核型多角体被蚕食下后,多角体在消化道中被碱性消化液溶解,释放出病毒粒子,一部分受消化液作用失活随粪排出,一部分通过中肠侵入血液,进而侵入脂肪、体皮、气管及神经等组织寄生、增殖,并逐渐形成大量多角体,致细胞膨胀破裂,多角体、病毒粒子及细胞碎片游离于血液中,血液变混浊,像牛奶,最后皮肤破裂泄脓而死。流出的脓汁中存有大量的游离病毒和多角体,成为再次创伤感染和食下感染的感染源。该病为亚急性病,从病毒感染到死亡,小蚕一般3~4天,大蚕4~6天。温度高则病程短,发病快。

(2)症状。典型症状为体色乳白、体躯肿胀、狂躁爬行、体壁易破裂流脓。

发育阶段不同,外表症状也有差异。眠前发病不食桑叶,爬行不止,久久不眠,称不眠蚕;起蚕发病时环节间膜前节向后节褶套,呈乳白色带状,称起节蚕;4、5龄盛食期发病节间膜隆起,称高节蚕(图8-2);在5龄后期及吐丝前发病体躯肥肿,环节中央拱起,形如算盘珠状,蚕体异常肿大,称为脓蚕。

图 8-2　体腔型脓病病蚕特征

（3）诊断。一开始一般在眠前的青头中出现病蚕,此后陆续发生时则情况多样。鉴别的主要依据:皮肤紧张、体色乳白,剪去尾角或尾、腹足,滴出的血液呈乳白色,这是该病的特异性病变。

（4）发生及传染特点。核型多角体病毒有两种传染途径,即食下被病毒或多角体污染了的桑叶而引起的经口传染和蚕体体壁受创以后被病毒侵入的创伤传染。在人工创伤接种下,发病率在80%以上,而实际生产上多为食下感染,病蚕的蚕粪不具传染性,病毒及核型多角体存在于血液中,只要在泄脓前去除病蚕,就不会造成蚕座内混育传染。如病蚕在爬行中流出的脓汁黏附于桑叶上,就会再度引起食下感染和创伤感染。该病在生产上时常发生,损失大小多与小蚕时的提青分批处理好坏、大蚕发病时是否及时拾出病蚕有关。

核型多角体或病毒大量潜藏在病蚕尸体、烂茧里,并借助养蚕操作以及空气流动等扩散而污染蚕室和蔟室的地面、墙壁、屋顶及周围的空中尘埃和一切养蚕用品,包括洗涤蚕具的死水塘,堆放过蚕沙、旧蔟的场所。如果对病蚕及蚕沙处理不当,如用来饲喂家禽家畜,或直接施入桑田,都将造成病毒的扩散污染,成为传染源,给消毒防病工作带来很大困难。蚕桑生产中病蚕、死蚕、蚕沙等养蚕废弃物一定要严格处理,防止扩

大传播。

2.中肠型脓病

(1)致病过程。大量质型多角体随桑叶被蚕食下后,碱性消化液使多角体溶解,释放出病毒粒子,一部分受消化液作用失活随粪排出,一部分侵入中肠圆筒形细胞内,在细胞质内增殖并逐渐形成大量多角体,导致细胞破裂,多角体及病毒粒子与破碎的细胞残片一起散落到肠腔内,随粪排出,成为新的蚕座内传染源。从感染到发病的潜伏期较长,一般1龄期感染在2、3龄期发病,2龄期感染在3、4龄发病,3龄期感染在4、5龄发病,4龄期感染到5龄期发病。出现病症后能延缓一段时间,缓慢死去;壮蚕从发病到死亡时间较短,出现病症后1~2天即死亡。该病属慢性病。

(2)症状。由于中肠受病毒寄生,影响了消化与吸收,病蚕发育缓慢,体躯瘦小,食桑和行动不活泼,常呆伏于蚕座四周和残桑中,群体发育大小差异悬殊。大蚕发病因消化道空虚,外观胸部半透明,呈空头状,有的还出现缩小、吐液及下痢等症状,粪便不成形或排稀粪,呈绿色乃至乳白色。在夏秋季发病时,病蚕常呈现胸部缩皱、腹部胀结、腹足向外伸出的特殊症状。

(3)诊断。肉眼鉴别该病的最好依据是观察中肠的乳白色病变。当蚕群中发现有怀疑为该病的病蚕时,如仅凭借外观症状不能肯定,可撕破病蚕腹部背面的皮肤,观察中肠后半部有无乳白色褶皱(图8-3),这也是肉眼诊断该病的最好方法。其次,可观察排粪情况,或用手挤压病蚕尾部,有乳白色黏液流出,镜检可见黏液内含有大量多角体、游离病毒和细胞碎片。

(4)发生及传染特点。质型多角体病毒的感染是该病发病的主要因素,病蚕排出的粪便和吐出的消化液及其尸体中都含有大量的病毒多角体,扩散污染蚕室、贮桑室、蚕具及周围环境。发病蚕区环境检测表明,

图8-3　中肠型脓病病蚕诊断

室内表土、蚕网、蚕座纸和蚕室尘埃中都存在病原,尤以室内表土污染最为严重。

质型多角体病传染途径为经口传染和创伤传染,生产上以前者为主,但在人工接种下,后者的发病率也很高。质型多角体病毒的传播往往由于前一蚕期发病后,病毒留存扩散污染养蚕环境,下次养蚕时若消毒不彻底,残存的病原体污染桑叶,蚕食下沾有病毒的桑叶而发病。此外,野蚕、桑螨、美国白蛾、赤腹舞蛾等野外昆虫,以及樗蚕、蓖麻蚕的质型多角体病毒能与家蚕质型多角体病毒引起交叉感染。

群体内一旦有该病发生,极易通过蚕座传染而扩散蔓延。质型多角体病毒在病蚕体内增殖,随着寄生细胞的破坏向肠腔脱落,随粪便排出体外,污染蚕座、桑叶,造成蚕座内传播。该病为慢性病,病程长,病蚕可带病存活相当长的时间。生产上常为小蚕期少数感染,通过蚕座混育传染,到5龄中后期大量发病。夏秋蚕期常与浓核病、病毒性软化病并发。该病一旦发生,往往损失较大。

3.病毒性软化病和浓核病

家蚕病毒性软化病和浓核病只是病毒种类和寄生中肠的组织细胞

不同,病蚕的外观症状无明显差异,夏秋期发生较多,并常与中肠型脓病并发。

(1)致病过程。该病主要通过食下感染,病毒寄生于中肠细胞内,不形成多角体,呈裸露态,病毒易受外界环境的影响而失活,但包埋在病蚕组织尸体或组织块中的病毒亦能存活数年。由于病蚕的粪便中含有大量病毒,故蚕座内传染比较严重,尤其在高温闷热环境下更为突出。由于中肠受病毒寄生,肠液抑菌能力下降,肠内细菌大量繁殖,后期常并发细菌性胃肠病。该病属慢性病,对夏秋蚕危害较大。

(2)症状。发病初期无明显外部症状,仅见食桑减少,发育迟缓,眠起不齐,个体间差异日益明显。起缩症状是在各龄饷食后1~2天内出现,病蚕很少食桑或停止食桑,皮肤多皱,体色灰黄,口吐胃液,消化道内充满黄褐色液体,排连珠状粪便或褐色污液,严重时呈现明显的空头、空身症状。

(3)诊断。根据发育缓慢,发育不齐,群体差异大,排软粪,以及起缩、空头等基本症状,难以与肠道慢性病中的中肠型脓病和细菌性胃肠病区分。鉴别方法:首先取病蚕,自腹部背面撕开体壁,露出中肠,该病蚕中肠管壁薄而透明,无乳白色横皱,而是充满了黄绿色肠液,几乎无桑叶食片,而中肠型脓病蚕中肠后部有乳白色横皱,以此可与中肠型脓病相区别。再从添食氯霉素后的效果看,该病传染性强,添食氯霉素后效果不太明显,而细菌性胃肠病则不再发病或少发病,以此区别两者。

(4)发生及传染特点。家蚕浓核病与病毒性软化病均可经口食下传染。病蚕或带病毒昆虫的粪和尸体中均存在大量病毒,这些病毒所污染的桑叶被蚕食下后就引起感染发病。病毒经体壁穿刺接种也能发病,但生产上以经口传染为主。当病毒粒子进入敏感品种蚕的消化道后,可以通过围食膜侵入中肠细胞。一般认为家蚕浓核病通过围食膜侵染中肠后端的柱状细胞,先吸附在纤毛层,然后通过吞噬或胞饮的方式进入细胞内;病毒性软化病首先感染中肠前端的杯形细胞,再逐渐向后端扩展。

三 家蚕病毒病预防措施

1.合理养蚕布局,切断垂直传播

由于自然气候和桑树的生长情况不同,为了提高蚕室利用效率和亩桑产茧量,通常全年养蚕多次,由此有可能导致上期蚕残留的病原对下期蚕的垂直传播;另外,由于布局不合理极有可能造成叶蚕不平衡、蚕期中遇到高温或低温、劳力与大农业冲突、蚕易受农药的影响等,这些因素从各个方面影响蚕病的发生。因此,各个蚕区对全年的养蚕布局都必须做出合理安排,相邻两个蚕期之间必须留出适当的时间,以便于有充足的时间进行消毒,避开环境温度和湿度不适宜的季节,各蚕期饲养的量也必须做出合理计划,防止缺叶或余叶。

2.彻底消毒,杜绝病原传染

彻底消毒是有效防治病毒病的关键性措施。生产中的发病原因很复杂,消毒不彻底是主要因素。养蚕前选择强碱性广谱消毒剂(如漂白粉溶液)对蚕具以及蚕室、走廊等处的地面、墙壁进行彻底消毒。采茧后病毒大量留存在蔟室、蔟具及周围环境中,必须进行回山消毒。废弃物应快速集中烧毁。

3.做好提青分批,加强蚕体蚕座消毒

感染病毒病的蚕往往发育缓慢,眠起较正常蚕要慢,可采取分批、提青的措施,将病蚕与健康蚕分开。坚决淘汰弱小蚕并多用新鲜石灰粉对蚕体蚕座进行消毒;操作中防止损伤蚕体,减少创伤传染机会;及时拾出病蚕置石灰缸中,集中后深埋。

4.加强饲育管理,提高抗病能力

蚕的体质与环境条件的适宜与否关系极大,要力求按照催青标准、

饲育标准进行不同发育阶段的温度和湿度调节;根据不同发育阶段蚕对营养的要求,保证良桑饱食;特别要重视眠起处理,保证蚕发育整齐;严防极端的不良因素,如农药、氟化物等对蚕的刺激,避免病毒病的发生;适当使用抗生素,严防病毒病与细菌病并发。

5.良桑饱食

选用良桑,增强蚕体抗病力,防治桑虫,尽可能不吃虫口叶和虫粪污染叶,防止某些野外昆虫携带的病毒与家蚕交叉感染。

6.选用抗病力较强的品种

选用抗病力、抗逆性较强的蚕品种在病毒病防治实践上具有重要的意义。蚕品种是影响蚕对病毒抵抗性的基础,不同蚕品种的经济性状不同,对病毒的感染抵抗性也不同,在生产上要根据不同地区养蚕季节的特点和饲养水平,决定该地区的饲养品种。在饲养条件、饲养技术较差的地方,夏秋季蚕应选择抗病力、抗逆性强的品种,不能盲目推行春种秋养。

7.早诊断,早治疗

对各龄期迟眠蚕,特别是稚蚕期的迟眠蚕多进行观察,尽早发现病情,及时采取措施,对病毒病防治有实际指导作用。

四 家蚕病毒病暴发后的应急处理措施

1.积极主动,延缓病情

(1)首先拾出病蚕,同时用新鲜石灰粉隔沙,喂以良桑。

(2)对于中肠型脓病、病毒性软化病和浓核病,可用抗生素添食,以抑制肠道细菌,延缓病情,至5龄后期,可提早使用蜕皮激素,促其提早上蔟。

(3)病蚕及蚕沙加石灰深埋,蚕期后,蚕室(大棚)地面如为土质的,要铲去表土,换上新土;水泥地面和蚕匾,用石灰浆浸泡;草蔟要烧掉。

2.加强消毒,消灭病原

(1)蚕室消毒:

①对于剩余茧壳等立即做出妥善处理。

②铲除蚕室(大棚)周围区域表层腐质土及排水沟和阴井垃圾,杂草植物全部清除运出,周边树木进行适当修剪。

彻底清除蚕室(大棚)地面、墙壁养蚕残留物;用含有效氯1%~2%的次氯酸钠溶液对蚕室(图8-4)(各蚕室用具除易腐蚀物品外就地不动)内所有蚕具、墙面、地面及蚕室外部环境喷洒消毒,室外做到药液渗透地表1厘米,喷洒地面湿润30分钟,喷洒时间宜选择在早晚、阴天或雨后且无风时进行。

③蚕室外部环境随即用新鲜石灰进行覆盖隔离(若不铲除地面表土,直接用新鲜石灰覆盖隔离,切忌翻挖土壤)。

④蚕具进灶熏蒸消毒(图8-5),每立方米容积添加市售甲醛含量36%~40%的福尔马林溶液8毫升,温度100摄氏度,时间保持30分钟,持续闷蒸3小时;草绳网及线网进灶前最好用福尔马林溶液浸泡24小时,尼龙网用含有效氯1%~2%的次氯酸钠溶液浸泡30分钟。

⑤经过熏蒸消毒的蚕具进入蚕室后,封闭全部门窗,再用含有效氯

图8-4 蚕室喷洒含氯消毒液

图8-5 蚕室密闭甲醛熏蒸

1%~2%的次氯酸钠溶液对蚕室内部及外部环境进行一次喷洒消毒(保持湿润30分钟);隔日用福尔马林溶液对蚕室熏烟消毒。

⑥储藏室也用福尔马林溶液熏烟或用二氧化氯消毒。

(2)蚕沙通道、蚕沙坑及住宅区域环境消毒:

①蚕沙通道、蚕沙坑及周围垃圾全部清理运出。

②用含有效氯1%~2%的次氯酸钠溶液对该区域蚕沙坑、通道路面、墙壁和树木喷洒消毒,做到喷洒区域保持湿润30分钟;喷洒时间宜选择在早晚、阴天或雨后且无风时进行(以连续进行2次为宜)。

③蚕沙坑及其他适宜区域立即用新鲜石灰进行覆盖隔离,不留死角。

▶ 第四节 家蚕真菌病

一 家蚕真菌病的发病特点

1.病原体

蚕的真菌病是由病原真菌经皮侵入蚕体引起的。真菌病种类很多,就其多数（除酵菌病外）来说，当蚕发病毙死后，尸体有硬化现象，因此真菌病习惯上又叫作硬化病或僵病。我国对僵病的记载极早，距今2 500年的秦汉时代所著的《神农本草经》中就有"白僵蚕味咸"的记载。宋代《陈敷农书》卷下"蚕桑叙"中有"伤冷风即黑白红僵"的记述。1835年意大利植物学家巴希用实验证明白僵病是由真菌寄生而引起的一种传染性蚕病。

真菌是一类没有根、茎、叶分化的真核生物，菌体为多细胞组成，是一种分枝或不分枝的丝状体，能进行有性繁殖和无性繁殖，以寄生和腐生方式生存。寄生于家蚕的真菌约有20种。菌丝发育到一定程度可产生分生孢子进行繁殖，分生孢子质地轻，易在空气中飞散传播，对消毒药剂的耐受力弱，易被灭活，对蚕为接触传染，其孢子发芽寄生受环境的湿度影响较大。

真菌病的发生遍及各养蚕地区，且在各季节都有出现，多湿地区、多湿季节发生更多。感染真菌病的蚕死亡后，在其硬化的尸体上会长出各种颜色的分生孢子，最后被覆白色、黄色、褐色、绿色、灰色、黑色和赤色等不同的颜色，由此作为各种真菌病的命名依据，分别称为白僵病、黄僵病、曲霉病、绿僵病等（图8-6）。其中，以白僵病、黄僵病的危害最为严重，其次是曲霉病、绿僵病和灰僵病，而赤僵病和黑僵病等只是零星偶发。

2. 致病过程

以白僵菌为例，分生孢子附着在蚕体上后，在适宜温度（23~26摄氏度）和相对湿度80%以上条件下，经10多个小时，孢子开始膨大发芽，长出芽管，芽管逐渐伸长，同时分泌几丁质酶、蛋白质酶和脂酶等，以化学和物理作用穿过皮肤侵入体内，到达血液后即吸收营养成为营养菌丝，并不断产生短菌丝（芽生孢子），悬浮于血液中，量多时血液混浊，菌丝生

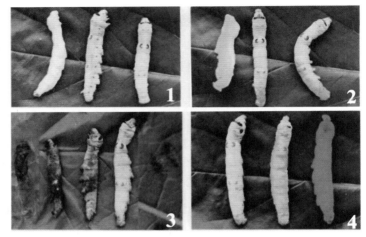

图8-6　各类真菌病病蚕外观

注:1为白僵病蚕;2为黄僵病蚕;3为曲霉病蚕;4为绿僵病蚕

长中消耗蚕体营养并向血内分泌白僵菌毒素等。染病的蚕一般于3~7天死亡。

二　常见的家蚕真菌病的症状

1.白僵病

感染初期无明显症状,随病势进展食桑减少,行动不活泼,死亡前蚕体上出现油迹状病斑,临死时伴有吐液、下痢症状。初死时尸体柔软,头胸部向前伸出,其后因菌丝发育繁殖吸收大量水,尸体慢慢硬化,长出气生菌丝,之后在气生菌丝上又布满一层白色的分生孢子。

2.黄僵病

病程略比白僵病长,分生孢子在蚕体上发芽所需时间也较白僵病长,需15~30小时。发病时气门或胸腹足处有时出现1~2个褐色圆形大块病斑。死后尸体硬化呈淡桃红色,分生孢子呈淡黄色。感染该病到死亡的时间,一般1~3龄期蚕感染后3~5天死亡,4~5龄期蚕感染后5~7天死亡。该病在生产上多与白僵病混发。

3.绿僵病

该病在中、晚秋蚕发生较多,蚕从感染到发病的潜伏期较长,一般为8~10天。初期无明显症状,随病势进展,表现为食欲减退,举动不活泼,在病蚕腹侧或背面出现不定形块状大病斑,死后尸体呈乳白色,2~3天长出白色气生菌丝,再经1~2天开始生出绿色的分生孢子。生产上看到绿僵病一般发生在3龄或之后,有时仅在蔟中发现绿色的僵蚕。

4.曲霉病

该病1龄期发生较多,其病症不明显。收蚁后只觉得食桑不旺,发育稍不齐。第二天出现较多死蚕,约经24小时长出黄绿色分生孢子,像一个个小绒球。1龄期眠中或2龄期起蚕发病,成半蜕皮或不蜕皮蚕而死,尸体呈黑色。大蚕发病很少,多在蚕体上出现1个或2个较大的不定形的黑褐色病斑。病斑位置不定,但以前胸及后腹两侧为多,质地较硬,病灶只局限于曲霉菌侵入部位附近,病斑表面硬化。死后没有菌丝寄生的部位由于肠道细菌繁殖而腐烂,这是曲霉病的特点。

三 真菌病的防治

1.彻底消毒,消灭病源

做好养蚕前蚕室、蚕具消毒,消毒后要注意开窗换气、排湿。蚕具要放在日光下暴晒,以防竹制材料发霉。要加强蚕种保护,防止蚕种发霉。要加强桑园除虫工作,防止桑园害虫感染真菌病,造成桑叶及周围环境污染。在蚕桑生产地区,应禁止生产和使用白僵菌等微生物农药。要合理处理病蚕,禁止摊晒僵蚕,杜绝出售僵蚕。

2.控制饲育湿度,注意蚕座卫生

蚕座内勤用干燥材料,特别是壮蚕期要注意通风排湿。要勤除沙,保持蚕座卫生。种茧育除注意蔟具消毒外,必须进行熟蚕蚕体消毒。蛹

体保护中,可用三氯异氰尿酸烟熏剂、二氯异氰尿酸钠多聚甲醛粉(熏烟灵)等熏烟剂防僵。

3.及时隔离病蚕,喷洒防僵粉

蚕期中发现僵蚕,及时拾出并立即使用防僵粉或含氯烟剂进行蚕体、蚕座消毒,每天1次;对上期发生过僵病或遇阴雨多湿时,从预防出发,可隔天使用1次。

▶ 第五节　家蚕细菌病

一　家蚕细菌病的发病特点

蚕的细菌病是常见的蚕病,在任何养蚕地区和季节都有发生。一般春蚕少,夏秋蚕因高温多湿而发生较多。一般零星发生病例较多,大量发生较少。蚕区周围如果使用农药防治农林害虫,会通过污染桑叶导致细菌性中毒病的暴发,造成严重损失。家蚕细菌病有多种,但不论哪一种,由于寄生细菌的迅速繁殖,病蚕死后尸体很快软化腐烂,故又称软化病。蚕的细菌病根据病原及病症可分为细菌性中毒病、细菌性败血症和细菌性肠道病三类。细菌是一类体积微小的单细胞生物。家蚕致病细菌从外形分,主要为杆菌,其次为球菌。细菌分裂繁殖速度快,在营养充分和其他条件适宜的情况下,每20~30分钟分裂繁殖一次。细菌的营养体对环境的抵抗力不强,但有些细菌在发育到一定程度时可形成具厚壁的休眠体——细菌芽孢,其抵抗力很强,并含有伴孢晶体毒素。

二 常见的家蚕细菌病

1.败血病

败血病是细菌侵入家蚕幼虫、蛹和蛾的血淋巴中并大量繁殖,随着血液循环分布到全身,表现为严重的全身症状的蚕病,从感染至死亡约10个小时。蚕的败血病分原发性和继发性两种。前者是细菌直接由体壁伤口侵入血淋巴内寄生而引起的;后者是细菌先寄生于消化管,再转入血淋巴繁殖而引起的。

败血病的病原是细菌,但一般不是由某一种特定细菌引起的。能引起败血病的细菌包括杆菌、链球菌和葡萄球菌等。但不同细菌引起蚕败血病的病症、病程和致病力有一定差异。这些细菌广泛分布于空气、水源、尘埃、土壤中,以及桑叶、蚕室和蚕具上。

一般症状:蚕发病后停止食桑,呆滞,胸部膨大,腹部各环节收缩,吐液、排软粪,最后侧倒而死,有僵尸现象,头尾翘起,腹部拱出,体色正常,几小时后体壁松弛、伸展、软化,体内组织液化,腐烂发臭,一经振动,即流出污液。败血病因感染菌种和尸体变色不同,可分为三种:

黑胸败血病典型症状:病蚕死后不久胸部背面或腹部1~3环节出现墨绿色尸斑,之后全身变为黑褐色(图8-7)。

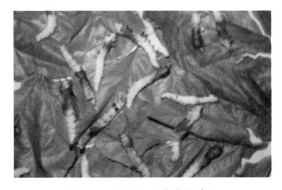

图8-7 黑胸败血病病蚕外观

灵菌败血病典型症状:病蚕体壁上常出现褐色小斑点,尸体内部液化渐变成红色。

青头败血病典型症状:病蚕死后不久胸部背面出现绿色透明的块状病斑,病斑皮下可见有小气泡;经数小时组织腐烂,全身呈土灰色(图8-8)。

图8-8 青头败血病病蚕外观

创伤传染是败血病的主要传染途径。

败血病的病原细菌广泛分布于自然界及养蚕环境中。高温下湿叶贮藏,桑叶发酵与腐败以及蚕沙潮湿等,如有病原细菌附着便迅速繁殖,成为败血病发生的重要传染源。不同蚕龄,败血病的发病程度有所不同。稚蚕体小,腹足钩爪不甚发达,并有刚毛保护,蚕体壁不易被抓伤,败血病较少。5龄期及熟蚕期,特别是夏秋蚕期该病较多发。此期气温高,若喂饲湿叶往往会引起成批发病。因为在此期间,自然界中细菌存在量一般较高,附着于桑叶上的细菌也多,桑叶的污染要比春蚕严重。此外,桑螟等排出的粪中常存在着病原细菌,当桑叶潮湿时,细菌就在叶面上繁殖,往往使所有桑叶全部污染,再加上桑叶潮湿时细菌容易附着到蚕体上,更是增加了感染机会。蚕患败血病后的病程长短与感染细菌种类及饲育温度有关。由杆菌引起的几种常见败血病属急性型,在常温下一般感染后24小时内死亡。

2.猝倒病

猝倒病是蚕食下苏云金芽孢杆菌（又名猝倒菌）产生的结晶性毒素引起的中毒症,故又称细菌性中毒症。苏云金芽孢杆菌是一类芽孢杆菌,感染蚕的苏云金芽孢杆菌以猝倒亚种为代表,有营养菌体、前孢子及芽孢等几种形态,能产生多种外毒素及内毒素。

苏云金芽孢杆菌是兼性寄生菌,主要传染来源为桑园害虫,如桑尺蠖、桑毛虫、桑螟等,其排泄物及尸体污染桑叶而传染于蚕。病蚕排泄物及尸体流出的污液是蚕座传染的主要来源。蚕食下芽孢杆菌的菌体及毒素引起急性中毒。一般病蚕排出的蚕粪中毒素很少,因此致病力弱;但在潮湿的蚕座上经一定时间(约24小时)后,由于苏云金芽孢杆菌在蚕粪中大量形成芽孢及毒素,则致病力大大增加。多湿环境是该病发生的重要诱因。阴雨天湿度大,特别是连续喂食湿叶情况下,造成蚕座潮湿、蒸热,有利于病菌的繁殖及传播,将会大量发生细菌性中毒蚕,该类蚕病根据发病潜伏期的长短,分为急性中毒和慢性中毒两种。

急性中毒症状:蚕食下毒素量多,表现为急性中毒,约经1小时或几十分钟后,食桑和行动突然停止,胸部膨大,前半身昂起,痉挛,腹足失去抓着力而倒伏死亡。

慢性中毒症状:食下毒素量相对少的,则表现为慢性中毒,病蚕发育迟缓,继而出现空头,也有出现排链珠粪或中肠中部手触有硬结现象,而后肠空虚萎缩,以无粪粒为其特征,之后陆续死亡。死后细菌进入体腔繁殖,组织液化腐烂,全身变黑。

3.细菌性肠道病

细菌性肠道病俗称空头病或起缩病,是一种病原尚未完全明确的蚕病。通常认为该病是由于蚕体质虚弱导致肠道细菌过度繁殖、破坏微生态平衡而引起的一种疾病。在我国各蚕区和不同季节,细菌性肠道病均

有发生,尤其是夏秋蚕期,因气候和叶质恶劣而发生得更多。当贮桑不善而造成桑叶腐败、发酵时,发病更为严重。

症状:一般表现为食桑缓慢至逐渐停止,行动不活泼,排不定形粪或软粪乃至污液。身体软弱,有空头、起缩症状,体皮灰黄色,尾部常被污液污染,在5龄期起蚕时这种起缩蚕较为多见。

蚕体质虚弱是该病发生的基础条件。饲喂在不良条件下贮存的腐败、发酵桑叶易发生该病。日本学者内海等研究证明,家蚕的消化液内存在着即使在碱性条件下也能增殖的链球菌属细菌,同时还存在着能抑制链球菌属细菌增殖的抗生物质。这种抗生物质在离体条件下也对链球菌属的细菌显现出很强的抑菌效力。

将抗碱性链球菌属细菌给5龄期起蚕添食,并在不良条件下饲育,结果可以看到这种添食的链球菌属细菌及其他细菌在消化管内增殖,以致发生较多的细菌性肠道病。这是由于饲育环境条件的恶化,造成能抑制链球菌增殖的抗生物质功能下降,导致产酸性抗碱性链球菌细菌增殖,结果消化液 pH 下降,引起其他细菌(如气单孢杆菌、沙雷菌等)的相继增殖而使蚕发病。

三 细菌病的防治

1.严格消毒,减少传染机会

(1)彻底消毒,消灭传染源。选用广谱性消毒剂对蚕室、蚕具、周围环境进行彻底消毒,尤其是黑胸败血病菌、苏云金杆菌等有芽孢的病原菌,其芽孢对外界抵抗力较强,不易被消灭,因此要重点消毒。若前批蚕已发生过严重的细菌性中毒病,则应进行"两清一洗",以最大限度地消灭传染源。

(2)做好养蚕日常卫生,保持养蚕环境清洁。收蚁、各龄期起蚕饲食前要用石灰粉或防僵粉等消毒剂进行蚕体、蚕座消毒。大蚕期每天或隔天用新鲜石灰粉进行蚕体、蚕座消毒。发现病蚕要增加蚕体、蚕座消毒的次数。每天喂完蚕和除沙后要及时清扫蚕室,贮桑室要清理残叶,定期进行地面消毒。

(3)发现病蚕及时隔离处理。发现病蚕应及时拣出,立即放入装有新鲜石灰或消毒液的消毒缸中,经消毒处理后挖坑填埋。不要让病死蚕污染蚕座而致蚕座交叉感染。

2.加强通风排湿,保持蚕座微环境干燥卫生

多数病原细菌都是兼性寄生或腐生菌,在潮湿的叶面或多湿的蚕座上容易大量繁殖,因此,在多湿的季节需要加强通风排湿,保证蚕座干燥卫生,避免喂湿桑叶。桑叶摘后要及时运回贮桑室,散热后再保存,桑叶堆放不宜过久和过厚,防止桑叶堆积发酵变质和滋生细菌。贮桑用水要清洁。雨后采桑要尽可能吹风干燥,以免湿叶贮存发酵而滋生细菌。

3.加强饲养管理,增强蚕体质

重视良桑饱食,增强蚕体质,提高蚕体抵抗力,减少细菌性肠道病的发生。

做好蚕期养蚕操作,给桑、上蔟、采茧、削茧、鉴蛹、捉蛾及拆对等操作要轻巧,避免粗放,防止创伤传染。蚕座密度要适当,以蚕体不互相重叠为宜,及时扩座;除沙、扩座、熟蚕上蔟密度要适当,不要堆积,适时采茧,不采毛脚茧;种茧育要有计划地采摘种茧和延迟削茧;蚕蛾保护要保持较低温度和黑暗;蛾盒中的蛾数不宜过多,更不要混入异性蚕蛾,以避免浪费蚕蛾,使得蚕蛾精力耗尽。

4.防治桑树害虫

发现桑树害虫一定要及时防治,避免采摘被桑树害虫尸体或粪便污染的桑叶喂蚕,在病害严重的情况下,可用含有效氯0.3%的漂白粉溶液

进行叶面消毒后才开始喂蚕。避免用过嫩桑叶或不成熟叶喂蚕。如果喷施农药杀虫,应注意控制用药安全期,避免蚕体农药中毒。在蚕区及其附近禁止施用苏云金杆菌类微生物农药,或与植保部门协调用药时间,一定要错开养蚕期。

5.药物防治

养蚕期,若遇到多湿季节和桑叶叶质较差的情况时,可适当添食抗生素以预防细菌病发生。若作为治理使用时,可根据具体发病种类情况选择合适的或广谱抗生素进行治疗,可以有效控制细菌的蔓延,尽量减少蚕病的发生,减少蚕农的损失。

▶ 第六节　家蚕微粒子病

微粒子病俗称"胡椒病",是一种古老的蚕病,世界各养蚕国家和地区都有发生。家蚕微粒子病的发生可上溯至我国晋代(265—316)。元代初期《务本新书》中已提到制种淘汰病蛾的重要性。1273年,《农桑辑要》也有记载其病症和预防措施。1845—1865年,该病曾在法国、意大利等国相继流行,对欧洲蚕丝业造成严重损失。家蚕微粒子病是由微孢子虫感染引起的,在历史上长期归属于原虫病范畴,但如今该类病害的病原体——微孢子虫的分类已经从原生生物界修订为真菌界的微孢子虫门。

一 症状

微粒子病是一种慢性蚕病,发病经过时间因感病早迟、病势轻重而不同。胚种传染孵化的蚁蚕或1~2龄期感染的,在3龄期前后发病并陆续死去。在3龄期感染的蚕大多死于上蔟前,部分死于蛹期,极少化蛾。4~5龄期感染的蚕,特别是5龄期感染的轻病蚕,能带病生活至完成世代。所以,蚕、蛹、蛾、卵都有患病的可能。幼虫期病症都是早期感染产生的。患病个体均发育不良,经过延长,食欲减退,蚕体瘦细,行动迟缓,眠起时多为半蜕皮蚕、不蜕皮蚕及封口蚕。死蚕干瘪、萎缩,呈锈色或黑褐色,不易腐烂。病卵单蛾区饲育时,群体发育明显不齐。胚种传染的蚁蚕,重病者孵化后经过多日仍不见疏毛现象,体黑色、瘦小,食桑极少;轻病者虽能带病生活,但迟眠迟起,在2~3龄期陆续死去。蚁蚕感病的病症大致同上。2~3龄期感染的可延迟到壮蚕期发病,常在眠起饷食后经2~3天体壁多皱而身体仍不见长大,起缩而死,体呈锈色,尾角焦黑。

二 防治要点

1.加强母蛾镜检,杜绝胚种传染

此法是预防微粒子病最有效的方法。要严格执行国家规定的检验制度。饲育的各级原种要保证质量,母蛾微粒子虫孢子检出率要限定在国家规定的范围以内。对外地引进蚕种要进行补正检查,预防疏漏。检验工作要严密组织,科学分工。在带蛾、贮蛾、镜检等每一环节必须认真,勿出差错。

2.做好蚕室蚕具消毒工作

根据微粒子虫孢子对药剂的抵抗性,消毒药剂以漂白粉、福尔马林、优氯净为好。小型蚕具用蒸汽或煮沸消毒。

3.加强桑园治虫,切断外来传染源

加强桑园治虫,切断交叉传染源。蚕期要及时清除蚕沙,并运离饲育区定点堆放、沤制堆肥,充分腐熟后再施入桑园,切勿生施,以免引起环境和桑叶污染而增加交叉感染的机会。

▶ 第七节　家蚕化学农药中毒

农药中毒是家蚕中毒症中最常见的一类。夏秋蚕期是大田作物与桑园害虫多发季节,也是农药治虫的适期,是蚕易受农药中毒的危险期。家蚕是对农药十分敏感的昆虫,蚕食下农药或蚕体接触农药,都要发生中毒,农药中毒的原因在生产上多种多样,但较多的是受农药污染的桑叶被蚕食下所引起。由于接触的农药种类、剂量及时间不同,家蚕农药中毒表现为急性中毒、慢性中毒和微量中毒三种症状。急性中毒时健康蚕突然中毒死亡,一般造成损失较大;慢性中毒为蚕一时不表现出中毒症状,但随着毒物在体内积累,陆续死亡;微量农药中毒一般蚕期不表现中毒症状,直到后期上蔟时发生不结茧蚕或营畸形茧。生产上桑叶受农田使用农药而间接被污染的情况较多,因风向和桑叶着生的位置不同,受污染的程度也有不同,故喂饲后的群体的中毒表现也有差异。

一 急性农药中毒的症状

1. 有机磷农药中毒

有机磷农药,如敌百虫、敌敌畏等,它们可通过接触或食下而引起中毒,潜伏期很短,表现为蚕很快停止食桑,向四周乱爬,头部突出,胸部膨大,痉挛,吐出大量黄绿色胃液,排不定形粪或带红色污染,麻痹倒卧于蚕座,死后头部突出,尾部略缩,蚕体缩短(图8-9)。

2. 有机氮农药中毒

有机氮农药,如杀虫脒、杀虫双等,具有胃毒、触杀、熏蒸、内吸等作用。中毒可分为急性和慢性两种。

图8-9 敌百虫中毒蚕症状

杀虫脒中毒，蚕会出现翻滚、狂躁等急性中毒症状。慢性中毒症状：小蚕主要表现为吐乱丝，食桑稍减，喜向蚕座边缘爬；大蚕表现为拒食，向蚕座四周爬行等避忌反应，可维持2~3天不吃不长，胸部透明似熟蚕，终至饿死。中毒达一定程度的蚕，蜕皮困难，常有半蜕皮、不蜕皮、蜕皮出血以及不结茧蚕出现，尤其不结茧蚕较多，死蚕不立即腐烂，呈干瘪状。

杀虫双中毒，按农业常用浓度能使蚕迅速死亡，症状与杀虫脒不同，出现体色正常、蚕体软化，静伏于蚕座中，随即死亡，或出现食桑减退乃至停止食桑，蚕体软化无弹性，出现"空头"症状数日后死亡。

上述两种农药由于残效期长达1个月，故不宜在桑园及附近农田使用。

3.拟除虫菊酯农药中毒

拟除虫菊酯农药，如杀灭菊酯、溴氰菊酯等，中毒症状大致相似。以杀灭菊酯为例，可通过接触、食下而引起急性中毒。中毒初期，蚕头胸略举，胸部膨大，尾部缩小，继而痉挛，在叶面上常翻滚仰卧，头胸及尾部向背面弯曲十分严重，蜷曲呈螺旋状而死（图8-10）。临死前口吐肠液，尸体缩小。其中轻的经1~2日可以苏醒。

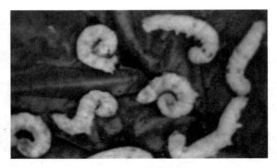

图8-10　杀灭菊酯中毒蚕症状

二　农药中毒的预防

1.严防农药污染,避免蚕中毒

桑田、大田施用农药时要考虑风向和农药剂型,尽量避免在桑田的上风使用粉剂农药,以液剂低施泼浇为好。另外,不要在桑田内配药,也不要在养蚕用的水塘洗涤农药用具。在蚕室内严禁堆放农药,蚕具不盛农药,养蚕用品不接触农药、养蚕用品要与农药仓库严格分开。养蚕期间饲养员不要接触农药,以防污染。

2.正确选用农药,掌握农药的残效期

养蚕地区农田除虫时应选用对蚕毒性低、残效期短的农药,在蚕饲育即将开始或饲育过程中应避免使用农药。桑田治虫后,在残效期内不能采叶喂蚕。

三　中毒蚕的处理

发现蚕中毒后,首先迅速查明毒源、切断毒源,避免蚕继续中毒。蚕室立即开窗换气,然后撒隔沙材料,及时加网除沙,喂以新鲜良桑。中毒蚕如发现得早,处理及时,经过精心饲育,有些可以自然复苏,不要轻易倒掉。对有毒物附着的蚕匾、蚕网、零星小蚕具等用碱水洗涤,反复暴晒后才能使用。